工程训练报告

院　系＿＿＿＿＿＿＿＿＿＿＿＿＿＿＿

班　级＿＿＿＿＿＿＿＿＿＿＿＿＿＿＿

姓　名＿＿＿＿＿＿＿＿＿＿＿＿＿＿＿

学　号＿＿＿＿＿＿＿＿＿＿＿＿＿＿＿

成　绩＿＿（上）＿＿＿＿＿（下）＿＿＿

指导教师＿＿＿＿＿＿＿＿＿＿＿＿＿＿

时　间＿＿＿＿＿＿＿＿＿＿＿＿＿＿＿

"十二五"普通高等教育规划教材

工程训练报告

徐淑波 李 阳 崔明铎 等 编

化学工业出版社

·北京·

本书是根据国家教育部最新颁布的"工程材料与机械制造基础课程教学基本要求"并结合多年来的教学改革经验而编写的《工程训练系列规划教材》之一,是与《工程训练教程》、《工程训练指导书》教材配套使用的,有很强的实用性。

本书主要内容包括工程材料及热处理实训;铸造实训;锻压实训;焊接实训;管工实训;切削基础知识;钳工实训;车工实训;刨工实训;铣工实训;磨工实训;数控机床实训;现代加工工艺实训;非金属材料成形实训;零件加工工艺分析等的教学基本要求、实训报告与习题。并附各类实训试卷。

本书可作为高等工程院校本科、专科、高职和成人教育等层次院校的通用教材,也可供其他有关专业的师生和工程技术人员参考。

图书在版编目(CIP)数据

工程训练报告/徐淑波,李阳,崔明铎等编. —北京:
化学工业出版社,2014.1 (2022.2重印)
"十二五"普通高等教育规划教材
ISBN 978-7-122-18983-7

Ⅰ.①工… Ⅱ.①徐…②李…③崔… Ⅲ.①机械制
造工艺-高等学校-教材 Ⅳ.①TH16

中国版本图书馆 CIP 数据核字(2013)第 270906 号

责任编辑:杨 菁 李玉晖　　　　　　　　文字编辑:林 丹
责任校对:徐贞珍　　　　　　　　　　　装帧设计:张 辉

出版发行:化学工业出版社(北京市东城区青年湖南街 13 号 邮政编码 100011)
印　装:三河市延风印装有限公司
787mm×1092mm 1/16 印张 7¼ 字数 170 千字 2022 年 2 月北京第 1 版第 10 次印刷

购书咨询:010-64518888　　　　　　　　售后服务:010-64518899
网　址:http://www.cip.com.cn
凡购买本书,如有缺损质量问题,本社销售中心负责调换。

定　价:26.00 元

前　言

21世纪的高等教育强调创新教育，而工程训练作为创新教育的重要环节，越来越受到重视。为了保证工程训练的教学效果，我们编写了这本《工程训练报告》。本书与《工程训练教程》和《工程训练指导书》配合使用。

本书编写的训练内容有：教学基本要求、训练报告、练习题、训练小结等。在内容形式上有选择、判断、填空、简答等类型的复习题、思考题和综合分析题。其中，简答题多设计填表式，以方便简答，并以此培养学生学会制作规范的技术文件；超出大纲的实践题有充分的提示，形式多样，以求增加学生的习作兴趣。在编排上，根据基本、必须的原则，按各工种训练要求和时间的多少，按不同工种编排，便于适应不同专业学生训练需求。在习题集编写中尽可能结合制造业中的新工艺、新技术、新方法及其发展趋势，并联系生活实际，以培养学生的实践能力，适应用人单位对学生知识结构和知识面的要求，使高校培养的学生适应时代对工程技术人员的要求。

本书除文字部分外，还配有网络电子考核版。使用网络版，学生可随时上机自学、自检、自测，答卷完毕自动评阅、评分，记录学生学习过程中的信息。用于无纸化考试时，可自动随机生成不同专业需求的成套试卷，提高考试结果的公正、合理、客观、准确性，便于不同教师、不同班级之间横向比较。对于提高学生学习的主动性，提高教学质量，减少教学资源集中占用，降低教学费用有直接意义。读者如有兴趣了解网络版有关问题，可发邮件至 cuimd@sdjzu.edu.cn。

本书由徐淑波、李阳、崔明铎承担主要编写工作。参与本书编写的人员有林晓娟、范晓红、任国成、刘燕、米丰敏、郭艳君、崔浩新等。吕怡方担任主审并对本书稿进行了详细审阅，并提出了许多宝贵意见，在此表示衷心感谢。

由于编者理论水平及教学经验所限，本书难免有缺点或欠妥之处。敬请读者和各位教师同仁提出批评建议，共同搞好本门课程教材建设工作，编者不胜企盼。

编者

2014年1月

目 录

《工程训练报告》写作须知

本书在实习之前，统一配发。人手一册。在使用中要注意以下几点。

一、本书为训练报告与作业，每天、每工种，都有练习；经过实践训练、结合理论学习，根据不同专业的训练要求在各训练指导教师的指导下完成。工程训练报告是训练的重要内容，也是学生训练前的预习用书；也可作为《工程材料及其成形基础》课程期末考试参考用书。

其中，标有"☆"符号的作业题是机类学生必做题，非机类同学可以不做；未标"☆"符号的作业题，各专业同学均可选做。题前标有"★"符号的是实习现场课堂讨论工艺题。

《实习体会》是各专业同学必答内容。

二、《工程训练报告》在训练完成后，由各班学习委员收集（按学号顺排），报送指导教师。由指导教师组织讲评，综合评定成绩，作为训练成绩的一部分。

三、由于《工程训练报告》是学生学习档案需存档，请同学们爱惜使用，同时要求认真书写，独立完成，不得抄袭。明显雷同者，将严重影响成绩。

《工程训练》的目的、任务与考核

一、《工程训练（金工实习）》的目的

通过工程训练，学生可获得机械产品制造工艺的基本知识，建立机械制造生产过程的概念，初步具有工艺操作技能和分析问题的能力，初步建立市场、信息、质量、成本、效益、安全、环保等大工程意识，为学习后续课程和今后的工作打下必要的背景知识实践基础。本实习应达到下列要求。

1. 《工程训练》是一门实践性很强的技术基础课，是学生学习《工程材料工艺学》、《机械工学》等机械工程、电气工程类课程必不可少的先修课程，也是建立工程制造生产过程概念、获得机械制造基本知识的奠基课程。

通过《工程训练》，初步使学生建立起创新思维、成形意识和创新精神，为学生今后的创新发展奠定坚实的基础。

2. 了解金属毛坯和零件常用加工方法，了解所用设备和工艺操作方法，具有初步的操作技能，学会正确使用常用量具。

3. 《工程训练》强调以实践教学为主，学生要进行独立的实践操作，在实习过程中要有机地将基本工艺理论、基本工艺知识和基本工艺实践结合起来，同时重视学生工艺实践技能的提高。

在《工程训练》中既要防止片面强调以操作为主的学习模式，又要反对不重视参加实践操作的倾向。

4. 树立热爱劳动、遵守操作规程、爱护设备、厉行节约的职业道德。建立环境保护、工业安全、文明生产和经济分析的现代观念。

二、《工程训练》的任务

《工程训练》的课程任务即金工实习的实践教学要求，可以概述如下。

1. 使学生了解现代机械制造的一般过程和基本知识；熟悉机械零件的常用加工方法及其所用的主要设备和工具；了解新工艺、新技术、新材料在现代制造业中的应用。

2. 对简单零件初步具有选择加工方式和进行工艺分析的能力；在主要工种（对水本、环工、市政等专业有钳工、管工和焊接）方面应能独立完成简单零件的加工制造和在工艺实验中的实践能力。

3. 完成训练老师布置的作业是综合运用所学过的知识培养分析和解决问题的能力的基本训练。

4. 充分利用训练培训中心产学研结合的良好条件，培养学生生产质量和经

济观念、理论联系实际的科学作风以及遵守安全技术操作、热爱劳动、爱护公物等基本素质。

三、考核（要求）

1. 基本技能、安全操作技术等方面由现场训练指导师傅评定。
2. 基本知识、综合表现根据综合作业、训练报告及训练考核成绩确定。
3. 以上两部分内容综合确定学生的训练成绩。

工程训练守则

一、训练开始前按指导教师要求准备好工作服、工作帽，并在进培训中心前着装整齐，准备充分。训练前认真学习本《守则》，明确实习目的、要求等内容。

二、工程训练中不允许穿高跟鞋、凉鞋、拖鞋、裙子与短裤等。长发应装入工作帽内。

三、按规定时间上下班，中间不得离岗，工作时间不允许串岗，有事请假应办理手续。训练考勤作为实习成绩评定依据之一。

四、训练场地不得嬉戏、打闹，不准带电子娱乐器具、扑克牌等娱乐用品进入培训中心，不得看与实习教学无关的书籍、报刊。服从指导，遵守纪律。

五、严格遵守各工种训练教学中的安全守则要求，文明训练，主动保持训练场地良好的卫生条件。

六、训练期间不得私自加工个人物品，注意节约水、电、油和原材料。爱惜机器设备与工具等国家资产，非正常损坏（丢失）要按规定赔偿。

七、训练中应做到专心听讲，仔细观察，做好笔记（自备笔记本与笔），认真操作，不怕苦，不怕累，不怕脏。按时完成训练作业和训练报告（总结）。

八、每天实习结束前15分钟，应在老师指导下将所使用的设备及场地擦扫干净，并按规定给予保养。

训练 1　工程材料及热处理

【教学基本要求】

1. 掌握常用工程材料中金属与非金属材料的种类、牌号、性能及主要用途，识记钢铁材料的火花鉴别和硬度检测。

2. 了解热处理车间常用加热炉（箱式炉、盐浴炉、井式炉）的大致结构及温度控制方式与应用场合。

3. 熟悉整体热处理工艺方法（退火、正火、淬火、回火及渗碳）的基本操作及其应用，了解热处理的新技术、新工艺。

4. 了解热处理件的质量检验及主要缺陷的预防方法。

5. 熟知热处理生产的安全技术。

【训练报告习题】

一、单项选择题（在备选答案中选出一个正确的答案，将号码填在题后括弧内）

1. 表示金属材料拉伸试样拉断前所承受的最大拉应力的符号为_____。　　　（　　）

A. R_e　　　　　　B. A　　　　　　C. Z　　　　　　D. R_m

2. 火花鉴别四种钢材：15 钢、40Cr 钢、65 钢及 W18Cr4V 钢。流线多而细，长度短，形挺直，射力很强，花量多而拥挤的是_____。　　　（　　）

A. 20 钢　　　　B. 40Cr 钢　　　C. 65 钢　　　D. W18Cr4V

3. 珠光体碳的质量分数是_____。　　　（　　）

A. 4.3%　　　　B. 0.77%　　　C. 6.69%　　　D. 2.11%

4. 制造机床主轴的典型钢材为_____。　　　（　　）

A. GCr15　　　　B. Q345A　　　C. 40Cr　　　D. 60Si2Mn

5. 制造健身用拉力器应选用_____。 （   ）

A. 60Si2Mn　　　　　B. Q345A　　　　　C. GCr15　　　　　D. 40Cr

6. 建筑工程用月牙筋钢筋的典型钢种是_____。 （   ）

A. 20MnTi　　　　　B. T12　　　　　C. 08F　　　　　D. GCr15

7. 在下列工程塑料中，适宜于制作机械用齿轮、叶轮类零件的是_____。 （   ）

A. 环氧塑料（EP）　B. 尼龙（PA）　　C. 电木（PF）　　D. ABS塑料

8. 制造锉刀、手用锯条时，应选用的材料为_____。 （   ）

A. W18Cr4V　　　　B. 65钢　　　　　C. Q235A　　　　　D. T10A

9. 健身用拉力器经回火处理后的硬度为_____。 （   ）

A. 45～55HRC　　　B. 40～45HRC　　C. 23～28HRC　　D. 55～60HRC

10. 为了提高低碳钢工件的切削性能，应采用_____。 （   ）

A. 正火　　　　　　B. 退火　　　　　C. 淬火＋中温回火　D. 淬火＋高温回火

二、多选选择（在备选答案中，正确的答案不少于两个，将其号码填在题后括弧内）

1. 常见用于表现金属材料力学性能的指标有_____。 （   ）

A. 强度　　　　B. 塑性　　　　C. 脆性　　　　D. 硬度　　　　E. 韧性

2. 铁碳合金的基本组织有_____。 （   ）

A. F　　　　　B. A　　　　　C. Fe_3C　　　　D. P　　　　　E. Ld

3. 常用的高分子材料有_____。 （   ）

A. 塑料　　　　B. 橡胶　　　　C. 陶瓷　　　　D. 油漆　　　　E. 粘接剂

4. 民用建筑内的污水管可选用_____制造。 （   ）

A. HT150　　　　B. PVC　　　　C. UPVC　　　　D. 焊接钢管　　　E. 无缝钢管

5. 常用的化学热处理有_____。 （   ）

A. 渗碳　　　　B. 渗氮　　　　C. 发蓝　　　　D. 真空镀　　　　E. 渗铬

三、判断题（正确的在题干后面的括号内写"Y"，错误的写"N"）

1. 随着温度降低，变态莱氏体的碳的质量分数也随之变化。 （   ）

2. 淬火冷却介质的选用，一般情况下碳钢用水，合金钢用油。 （   ）

3. 任何金属材料通过淬火处理都能达到硬且耐磨的目的。 （   ）

4. 顾名思义可锻铸铁件就是经过加热锻造成形的。 （   ）

5. 泥浆泵衬套、冷冲模及排污阀类零件选用渗硼处理能显著提高使用寿命。 （   ）

6. 教室内的暖气管道是由焊接钢管制成的。 （   ）

7. 医用的针头管应是由无缝钢管制成的。 （   ）

8. Q345为球墨铸铁材料。 （   ）

9. 有色金属、灰口铸铁均适宜布氏硬度计测定硬度。 （   ）

10. 整体热处理中的四把"火"是各自独立的，各有作用，互不影响。 （   ）

四、填空题

1. 碳钢，俗称碳素钢，新GB定名：_____。

2. 按成分和工艺特点铝合金分为_____和铸造铝合金两类。

3. 通常所说青铜是以_____为主要添加元素的铜合金。

4. 陶瓷是用_____法生产的无机非金属材料。

5. 复合材料组成有_____和增强相。

6. 碳钢室温平衡组织是_____，塑性较低，变形困难。

7. 正火的作用与退火类似，但正火时的_____。

8. 回火是_____，再加热、保温，然后冷却到室温的热处理工艺。

9. 由于 38CrMoAlA 钢_____，广泛用于精密齿轮、磨床主轴等重要精密零件。

10. 轿车、货车的表面涂装多应用_____。

五、问答题

1. 实习的热处理车间使用的加热炉有哪几种；请记录其型号、最高工作温度、主要构成和主要适用场合于表 1-1 中。

答：

表 1-1　加热炉参数

序号	加热炉名称	型号	最高工作温度	主要构成	主要使用场合
1					
2					

2. 将在实习中做过的几种热处理工艺方法及测试结果按要求填入表 1-2 内。

表 1-2　热处理工艺参数

工件名称	材料牌号	热处理方法名称	加热温度	保温时间	冷却方式	硬度测试结果
		退火				
		正火				
		淬火				
		回火				

3. 工件经淬火后为什么还要强调及时给予回火？回火温度高低如何选择及其应用（请填入题后表 1-3 内）。

答：

表 1-3　回火种类及应用

回火方法	加热温度/℃	力学性能特点	应用范围	硬度

★4. 低碳钢能否"淬上火"? 为什么?【提示：首先弄清何为淬火，进而讨论"为什么"】

答：

★5. "水-油"双液淬火的操作要点是什么?【建议实训时在指导教师指导下做实验，记录体会；也可利用实习间隙查阅相关技术资料并总结；请教指导教师更是"捷径"】

答：

★6. 固体渗碳时为什么用纸将工件包起来?【此为生产实际题，解题关键在于"包"字】

答：

★7. 工艺讨论题【参照参考书分组讨论，将结果填入表 1-4】。

分别用低碳钢（如汽车变速箱齿轮）和中碳钢（如普通车床变速箱传动齿轮）制造两种齿轮，要求齿面具有高硬度和高耐磨性而芯部具有较高的强度和韧性。

表 1-4　齿轮热处理工艺与性能

序号	齿轮材料	主要热处理工序	热处理后组织	热处理后性能
1	低碳钢			
2	中碳钢			

		评阅人签字（或章）
成　绩 或 评　语		年　月　日

训练 2　铸　　造

【教学基本要求】

1. 了解砂型铸造生产过程。
2. 了解型（芯）砂的基本组成及其主要性能。
3. 分清模样、铸件与零件间的差别。
4. 熟练掌握手工两箱造型的工艺方法。
5. 了解分型面、浇注系统、金属熔炼与浇注工艺的基本概念。
6. 了解各种手工造型方法的应用场合。

【训练报告习题】

一、单项选择题（在备选答案中选出一个正确的答案，将号码填在题后括弧内）

1. 砂型铸造生产的铸件占总产量的_____以上 。　　　　　　　　　　　（　）

A. 30%　　　　　　　B. 50%　　　　　　　C. 70%　　　　　　D. 80%

2. 铸件上出现严重的粘砂现象，产生的主要原因是_____。　　　　　（　）

A. 型砂退让性差　　B. 型砂的耐火性差　C. 型砂的透气性差　D. 型砂的强度不够

3. 铸件上出现冷隔缺陷，产生的主要原因是_____。　　　　　　　　（　）

A. 浇注速度过快　　B. 液态金属温度过高　C. 铸件冷却速度过快　D. 注时发生中断

4. 下列物件中适宜用铸造方法生产的是_____。　　　　　　　　　　（　）

A. 皮带卡扣　　　　B. 机床齿轮　　　　　C. 道路隔离网　　　　D. 轿车外壳

5. 挖砂造型时，挖砂深度应达到_____。　　　　　　　　　　　　　（　）

A. 模样的最大截面处　B. 最大截面以下　　C. 最大截面以上　　D. 没有要求

6. 制造铸件模样时，模样尺寸至少应比铸件大出一个_____。　　　　（　）

A. 铸件材料的收缩量　　　　　　　　　　　B. 切削余量

C. 铸件材料收缩量　　　　　　　　　　　　D. 模样材料的收缩量

7. 下列铸造方法中适应各种生产批量的为_____。（　　）

A. 砂型铸造　　　　B. 金属型铸造　　　　C. 压力铸造　　　　D. 离心铸造

8. 下列适宜各种金属的铸造方法为_____。（　　）

A. 砂型铸造　　　　B. 压力铸造　　　　C. 金属型铸造　　　　D. 低压铸造

9. 铸造造型时，用力修分型面的结果是_____。（　　）

A. 增大分型面毛刺　　　B. 铸件光滑　　　C. 改善透气性　　　D. 减少砂眼

10. 不属于选择分型面的考虑因素是_____。（　　）

A. 便于造型　　　　B. 利于起模　　　　C. 减少收缩　　　　D. 浇注位置

二、多项选择题（在备选答案中，正确的答案不少于两个，将其号码填在题后括弧内）

1. 在常规浇注系统中，不与铸件直接相连但属于浇注系统的部分是_____。（　　）

A. 直浇道　　　B. 冒口　　　C. 外浇口　　　D. 横浇道　　　E. 内浇道

2. 冒口的作用是_____。（　　）

A. 浇注　　　B. 补缩　　　C. 集渣　　　D. 排气　　　E. 观察

3. 铸造被广泛采用，具有如下优点：_____。（　　）

A. 适应性广　　B. 成本低　　C. 工序简单　　D. 质量不断提高　　E. 广泛清洁生产

4. 用手捏法可以检查型砂的_____性能。（　　）

A. 耐火性　　　B. 强度　　　C. 透气性　　　D. 可塑性　　　E. 退让性

5. 属于孔穴类铸造缺陷有：_____。（　　）

A. 砂眼　　　B. 气孔　　　C. 芯头孔　　　D. 缩孔　　　E. 渣孔

三、判断题（正确的在题干后面的括号内写"Y"，错误的写"N"）

1. 在模样上留放收缩余量与造型材料有关。（　　）

2. 芯砂中加入煤粉是为了增加透气性。（　　）

3. 离心铸造无分型面，故铸件的内外形状精美。（　　）

4. 分模造型适宜铸件最大截面不在端部在中部，而木模沿最大截面分成两半。（　　）

5. 冲天炉得以广泛应用的原因是节能又环保。（　　）

6. 造型机主要是实现型砂的紧实和起模工序的机械化。（　　）

7. 对于薄壁铸件为使其成形好，浇注温度应当高些。（　　）

8. 铸钢的铸造性能比铸铁优异，因而应用广泛。（　　）

9. 将熔融金属从熔炉中直接注入铸型的操作即为浇注。（　　）

10. 金属型铸造的铸件有"皮软里硬"的特点。（　　）

四、填空题

1. 在铸造实习中所使用的修型工具有_____、_____、_____等。

2. 活块造型在起模时须先_____，然后_____。

3. 型芯主要用来形成铸件的_____。

4. 利用与_____代替模样进行造型，称为刮板造型。

5. 型芯在铸型中的定位主要依靠＿＿＿＿＿＿＿＿＿＿＿＿＿＿＿＿＿＿。

6. 基本取代了高压造型机，与气冲造型机并行发展是＿＿＿＿＿＿＿＿＿＿＿＿＿＿。

7. 熔模铸造的铸件不能太大、太长，否则＿＿＿＿＿＿＿＿＿＿＿＿＿＿＿＿。

五、问答题

1. 在表 2-1 中归纳改善砂型透气性方法。【要充分考虑配砂、造型、浇注诸方面因素】

表 2-1　改善砂型透气性方法

序号	方　法
1	
2	
3	
4	
5	
6	
7	

2. 通气孔为什么不能扎通到模样？

答：

3. 在表 2-2 中归纳起模的要领。【归纳要领：按完整的工艺顺序，简明扼要，突出重点】

表 2-2　起模要领归纳

序号	要　领　简　述
1	
2	
3	
4	

4. 试分析铸型中的气体来源，将结果填入表 2-3 中。【自液态金属至型砂等依序讨论】

表 2-3　气体来源归纳

序号	气体的可能来源
1	
2	
3	

5. 在表 2-4 中填写模样、铸件以及加工后的零件之间，在形状和尺寸上的区别。

表 2-4　模样、型腔、铸件和零件之间的关系

名称 特征	模样	型腔	铸件	零件
大小				
尺寸				
形状				

☆6. 指出图 2-1 中各铸件合理的砂型手工造型方法。

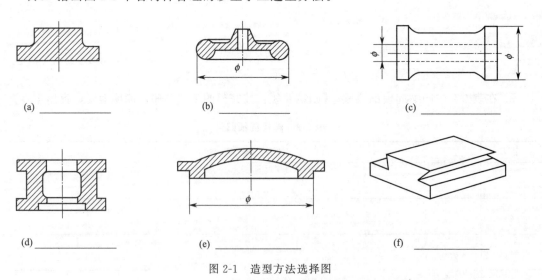

(a) _____　　　(b) _____　　　(c) _____

(d) _____　　　(e) _____　　　(f) _____

图 2-1　造型方法选择图

☆7. 怎样辨别气孔、缩孔、砂眼、渣眼四种缺陷？如何防止？用简单语言在表 2-5 中描述。

表 2-5　孔眼类铸造缺陷及其防止

序号	要求内容	特征	防止措施
1	气孔		
2	缩孔		
3	砂眼		
4	渣眼		

☆8. 简述铸铝（或其他合金）熔炼工艺过程，说明 ZL101 的含义，熔炼中加入何种熔剂、有何作用？铸铝（其他合金）浇注温度是多少？将结果填入表 2-6 中。

表 2-6　铸铝熔炼工艺

序号	要求内容	回答内容
1	熔炼要点	① ② ③ ④
2	ZL101 的含义	其中:ZL—　　　1—　　　;01—
3	熔剂及作用	
4	浇注温度	

★9. 写出如图 2-2 所示槽轮的几种分型方案。

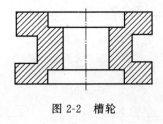

图 2-2　槽轮

★10. 图 2-3 为某支架的零件简图，材料为普通灰口铸铁，大批生产。确定其铸造工艺方案。【叙述要求图文并茂】

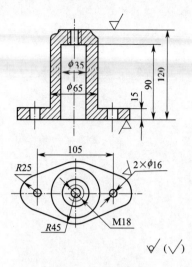

图 2-3 支架零件图

成绩或评语		评阅人签字（或章）
		年　月　日

训练 3 锻　　压

【教学基本要求】

1. 了解金属压力加工的分类及锻造与冲压的基本工艺特点及应用。

2. 了解金属加热目的、温度范围、火色鉴别温度法、加热缺陷及锻件的冷却方式。

3. 熟悉机器自由锻的常用工具与设备；会操纵空气锤。

4. 基本掌握机器自由锻主要工序的操作。

5. 能区分自由锻、胎模锻和模锻等。

6. 了解冲压的主要工序；冲模的种类、结构、应用场合。

7. 了解常用锻压设备种类、工作原理、使用安全技术以及锻压技术的主要发展及新设备、新工艺。

【训练报告习题】

一、单项选择题（在备选答案中选出一个正确的答案，将号码填在题后括弧内）

1. 下列材料中，适宜锻压成形的是_____。　　　　　　　　　　　　　（　　）

A. KTH300-06　　　B. 08F　　　　　C. ZL101　　　　　D. QT600-3

2. 始锻温度的确定，主要受到金属在加热过程中不至于产生_____现象所限制。（　　）

A. 过热与过烧　　　B. 脱碳　　　　　C. 氧化　　　　　D. 过软

3. 压力机在一次行程内，在模具的不同部位上同时完成数道冲压工序的模称为_____。

（　　）

A. 冲孔模　　　　　B. 复合模　　　　C. 连续模　　　　D. 单　模

4. 锻件坯料加热次数越多，锻件质量_____。　　　　　　　　　　　　（　　）

A. 越好　　　　　　B. 越差　　　　　C. 没有影响　　　　D. 不清楚

5. 坯料在加热过程中出现过烧缺陷后的处理方法是_____。 （　　）
   A. 热处理　　　　　B. 冷处理　　　　　C. 重新加热　　　　D. 报废

6. 应用火色鉴别法确定 Q235 的始锻温度时的颜色为_____。 （　　）
   A. 淡红色　　　　　B. 樱红色　　　　　C. 黄白色　　　　　D. 淡黄色

7. 工程训练中使用的主要锻压设备是_____。 （　　）
   A. 空气锤　　　　　B. 空气-蒸汽锤　　C. 液压机　　　　　D. 曲柄压力机

8. 大、中批量生产及自动化生产条件下的锻件加热适宜选用_____。 （　　）
   A. 火焰加热　　　　B. 电阻炉　　　　　C. 接触加热　　　　D. 感应加热炉

9. 制造一元硬币的合理方法是_____。 （　　）
   A. 铸造　　　　　　B. 模锻　　　　　　C. 精冲　　　　　　D. 挤压

10. 拔长时，坯料送进量，以砧铁宽度的_____倍为宜。 （　　）
    A. 0.3 以下　　　　B. 0.3～0.7　　　　C. ＞0.7　　　　　　D. 无限制

二、多项选择题（在备选答案中，正确的答案不少于两个，将其号码填在题后括弧内）

1. 常用的锻坯火焰加热设备有_____。 （　　）
   A. 手锻炉　　　B. 电阻炉　　　C. 感应加热炉　　　D. 室式炉　　　E. 反射炉

2. 常见的锻件冷却方法有_____。 （　　）
   A. 水冷　　　　B. 坑冷　　　　C. 炉冷　　　　　　D. 空冷　　　　E. 油冷

3. 冲压的分离工序有_____。 （　　）
   A. 切断　　　　B. 冲孔　　　　C. 落料　　　　　　D. 拉深　　　　E. 弯曲

4. 下列属于胎模锻使用的胎模是_____。 （　　）
   A. 扣模　　　　B. 冲切模　　　C. 摔模　　　　　　D. 合模　　　　E. 套模

5. 与其他成形方法相比，锻压的主要工艺特点有_____。 （　　）
   A. 工件内质好　　B. 生产效率高　　C. 工件内质疏松　　D. 不能锻铸铁　　E. 节约材料

三、判断题（正确的在题干后面的括号内写"Y"，错误的写"N"）

1. 钢的加热速度越慢，表面氧化就越严重。 （　　）
2. 使坯料完成主要变形的工序称为自由锻的基本工序。 （　　）
3. 冲压件必须经过切削才可以使用。 （　　）
4. 锻造拔长时送进量太大，金属向坯料宽度方向流动，反而降低拔长效率。 （　　）
5. 模锻是自由锻设备上使用可移动模具生产模锻件的一种锻造方法。 （　　）
6. 锻坯加热温度越高，越容易锻造成形，所有锻件质量也越好。 （　　）
7. 胎模锻适合大型锻件的大批量生产。 （　　）
8. 自由锻虽然效率低，劳动强度大，是大型锻件的唯一成形方法。 （　　）
9. 使板料经分离或成形而得到制件的工艺统称为冲压。 （　　）
10. 剪板机是板料成形的基本设备。 （　　）

四、填空题

1. 将大直径坯料拔长为小直径坯料的基本过程是_____。

2. 自由锻件工艺规程的拟定过程，一般是先_____；

后算_____等。

3. 冲压生产只有在 ＿＿＿＿＿＿＿＿＿＿ 时冲压件成本较低。

4. 粉末锻压用于金属材料、＿＿＿＿＿＿＿＿＿＿ 或 ＿＿＿＿＿＿＿＿＿＿＿＿＿＿ 的
产品件。

5. 在锻造实习中必须牢记：空气锤锤头应做到"三不打"：＿＿＿＿＿＿＿＿＿＿＿；
＿＿＿＿＿＿＿＿＿＿＿；＿＿＿＿＿＿＿＿＿＿＿＿＿。

6. 锻造时加热的目的是提高金属的塑性，降低变形抗力，即 ＿＿＿＿＿＿＿＿＿＿。

五、问答题

1. 通过表 3-1 的"对比内容"分析锻造（件）与铸造（件）的异同。

表 3-1　锻造（件）与铸造（件）的异同比较

序号	对比内容	铸造（件）	锻造（件）
1	成形实质		
2	内部质量		
3	受力方向		
4	材料性质		

2. 按表 3-2 给定的钢号，选定锻件加热的温度范围，及相应的"火色"。

表 3-2　锻件锻造温度确定

序号	锻件钢号	始锻温度/℃	始锻火色	终锻温度/℃	终锻火色
1	Q235				
2	T10				
3	5CrMnMo				
4	W18Cr4V				
5	30Cr13				

3. 根据图 3-1 所示空气锤的指引线数字，在表 3-3 中填写各部分名称。

表 3-3　空气锤部件名称

序号	名称	序号	名称
1		7	
2		8	
3		9	
4		10	
5		11	
6			

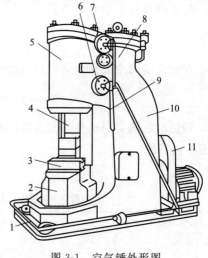

图 3-1　空气锤外形图

若该锤的型号为"C41-75"，那么"75"的具体含义是什么？

答：

☆4. 通过表 3-4 的"比较内容"对胎模锻与自由锻进行对照，体会各自特点。

表 3-4　胎模锻与自由锻特点对比

序号	比较内容	胎模锻	自由锻
1	设备		
2	工艺装备		
3	工艺过程		
4	锻件质量		
5	劳动条件		

★5. 讨论分析，按表 3-5 所示答出图 3-2 所示羊角锤自由锻的工艺过程。【看图，按提示，想工序】

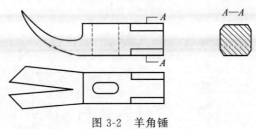

图 3-2 羊角锤

表 3-5 羊角锤自由锻的工艺过程

序号	工序	加工简图	操作方法	使用工具
1	下料、加热			
2	冲孔			
3	打八方			
4	切割			
5	错移			
6	拔长			
7	切割			
8	切割（头）			
9	弯曲			

☆6. 按图 3-3 所示双联齿轮零件图绘制其自由锻件图并在表 3-6 中填写自由锻工艺过程。

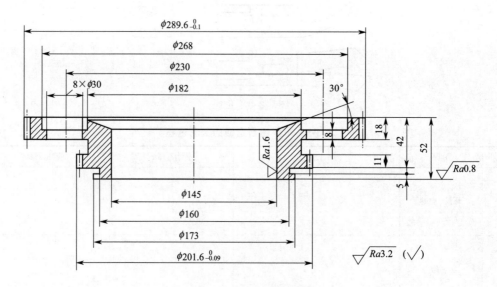

图 3-3 双联齿轮零件图

表 3-6 双联齿轮坯的自由锻工艺卡

序号	火次	工序	变形简图	使用设备、工具
1		下料、加热 始锻温度 1250℃	ϕ150，高 150	锯床 加热炉
2	1		ϕ156，30，44	
3			ϕ60	

序号	火次	工序	变形简图	使用设备、工具
4	2		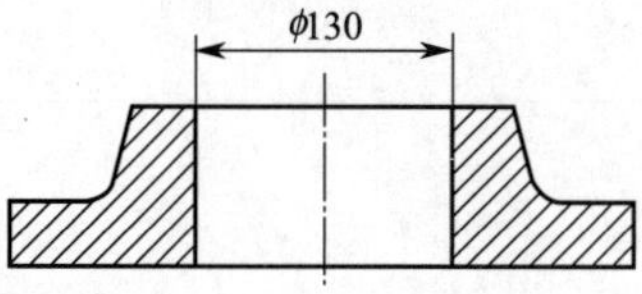 φ130	
5				

★7. 叙述表 3-7 所示阶梯轴的自由锻工艺。

表 3-7 阶梯轴的自由锻工艺卡

锻件名称	阶梯轴	每批锻件数	1
钢号	45	锻造温度范围	1200~800℃
锻件质量	790kg	锻造设备	5t 蒸汽锤
坯料质量	836kg	冷却方法	空冷
坯料尺寸	φ320mm×1040mm	生产数量	5

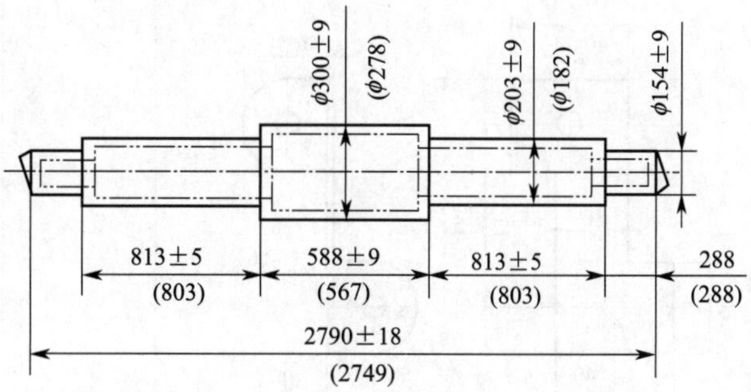

φ300±9 (φ278)　φ203±9 (φ182)　φ154±9

813±5 (803)　588±9 (567)　813±5 (803)　288 (288)

2790±18 (2749)

火次	工序	变形简图	使用工具
1	拔长		上、下平砧

火次	工序	变形简图	使用工具
2			

8. 根据表 3-8 中给出的冲压件零件图进行工艺分析。

表 3-8　冲压件工艺分析

零件图	工序名称	工序简图

		评阅人签字(或章)
成　绩 　　或 评　语		
		年　月　日

训练 4 焊 接

【教学基本要求】

1. 掌握焊条电弧焊操作方法，能完成简单构件的平焊缝对接操作。
2. 熟知实习使用的焊接设备，会独立调节操作。
3. 了解焊条种类、组成及其规格；能简单选用焊条直径和焊接电源。
4. 了解常见焊接缺陷及产生原因与防止方法。
5. 学会气焊与气割工艺的基本操作，了解其他焊接方法的特点及应用。
6. 了解黏结技术的应用。

【训练报告习题】

一、单项选择题（在备选答案中选出一个正确的答案，将号码填在题后括弧内）

1. "节能又省钱"的焊机应首选_____。 （　　）
A. 交流弧焊机　　　B. 整流弧焊机　　　　C. 直流焊接发电机　　　D. 逆变弧焊机

2. 考虑到受力均匀又节约材料焊接接头应首选_____。 （　　）
A. 对接接头　　　B. T形接头　　　　C. 角接接头　　　　　D. 搭接接头

3. 实习中你注意影响焊缝宽度的主要因素是下列哪一项？ （　　）
A. 焊接电流　　　B. 焊接速度　　　　C. 焊条直径　　　　D. 焊件厚度

4. 使用碱性焊条焊接，比酸性焊条突出的优点是_____。 （　　）
A. 对设备无要求　　B. 焊前清理无要求　　C. 焊缝抗裂性能好　　D. 效率高，成本低

5. 下列构件适宜焊接成形的是_____。 （　　）
A. 电脑主机外壳　　B. 机床主轴　　　　C. 汽车变速箱体　　　D. 轿车外壳桁架

6. 对接焊厚度 2mm 的 Q235 钢板时，坡口形式应为_____。 （　　）

27

A. Y 形坡口　　　　B. I 形坡口　　　　　C. 双 Y 形坡口　　　　D. 带钝边 U 形坡口

7. 下列材料不适宜进行氧-乙炔切割的是_____。　　　　　　　　　（　　）

A. QT1200-01　　B. Q235　　　　C. 20CrMnTi　　D. 08F

8. 适合不锈钢工件理想的焊接方法为_____。　　　　　　　　　　（　　）

A. 氩弧焊　　　　B. 气焊　　　　C. 锻焊　　　　D. 钎焊

9. 摩托车、自行车桁架的高效率焊接方法为_____。　　　　　　　（　　）

A. 感应钎焊　　　B. 气焊　　　　C. CO_2 气体保护焊　　D. 电渣焊

10. 对铝、铜、钛、不锈钢、铸铁和非金属的切割选用比较合理的_____。（　　）

A. 等离子弧切割　　B. 氧-乙炔切割　　C. 激光燃烧切割　　D. 焊条电弧切割

二、多项选择题（在备选答案中，正确的答案不少于两个，将其号码填在题后括弧内）

1. 焊条电弧焊用焊条焊芯的主要作用有_____。　　　　　　　　　（　　）

A. 传导电流　　B. 改善工艺性　　C. 金属填充　　D. 除杂补益　　E. 芯骨支撑

2. 焊条电弧焊用焊条的选用原则有_____。　　　　　　　　　　　（　　）

A. 同强度　　　B. 同成分　　　C. 抗裂性　　　D. 低成本　　　E. 看设备

3. 根据焊接状态焊接方法可分为_____。　　　　　　　　　　　　（　　）

A. 焊条电弧焊　　B. 熔焊　　　C. 压焊　　　D. 钎焊　　　E. 锻焊

4. 常见焊缝收弧方式有_____。　　　　　　　　　　　　　　　　（　　）

A. 圆圈收弧法　　B. 锯齿收弧法　　C. 反复断弧法　　D. 焊条后移法　　E. 划擦法

5. 焊条电弧焊的焊接规范是指_____。　　　　　　　　　　　　　（　　）

A. 选焊条直径　　B. 选焊接电流　　C. 定焊接层数　　D. 焊条药皮种类

E. 选焊接速度

三、判断题（正确的在题干后面的括号内写"Y"，错误的写"N"）

1. 焊接也存在一些不足之处，如焊接结构是不可拆卸的。　　　　　（　　）

2. 反接法适合于焊接薄板或熔点较低的金属。　　　　　　　　　　（　　）

3. 电焊机与一般电源不同之处在于，具有陡降的特性。　　　　　　（　　）

4. 水射流切割可以切割金属、玻璃、陶瓷、塑料等几乎所有的材料。（　　）

5. 用铜或锡作连接材料连接黑色金属的方法属于熔焊。　　　　　　（　　）

6. 铆接借助铆钉形成的可拆卸的连接。　　　　　　　　　　　　　（　　）

7. 黏结长期以来一直采用天然胶黏剂，因而其应用至今受限制。　　（　　）

8. 陶瓷焊接用常规的焊接材料和工艺几乎无法获得可靠的连接。　　（　　）

9. 焊接时，焊接电流越大越好。　　　　　　　　　　　　　　　　（　　）

10. 点焊和缝焊都属于电弧焊。　　　　　　　　　　　　　　　　　（　　）

四、填空题

1. 实习中使用的设备名称、型号为_____；

其初级电压_____V；操作时采用的接法_____；空载电压_____V；

电流的调节范围为_____A。

2. 实习时使用的焊条型号为_____；牌号为_____焊条直径

_____；采用的焊接电流为_____A，焊接速度_____cm/s。

五、问答题

1. 结合图 4-1 所示焊条电弧焊过程，填表 4-1 总结训练中操作体会。

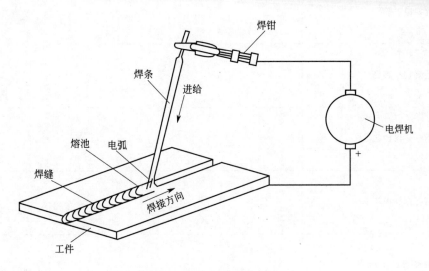

图 4-1 焊条电弧焊基本过程

表 4-1 焊条电弧焊操作体会

序号	项　目	体 会 描 述
1	焊接电流的确定依据	
2	引弧的方法	
3	对焊接熔池的观察	
4	对焊接速度的控制	
5	焊接接头与焊缝的收弧	

2. 实训时，试着用光焊丝进行焊接，观察、讨论现象，将结果填入表 4-2 中。

表 4-2　光焊丝实验讨论

序号	项目	体 会 描 述
1	做此实验了吗？	
2	实验观察与感受	
3	分析气体保护状况	
4	分析元素烧损状况	
5	分析焊缝力学性能状况	

☆3. 为了提高效率，能不能将钢板的多层焊改用粗条（＞6mm）单层焊来代替？为什么？

答：

4. 指出焊接工艺参数选择对焊缝成形（见图 4-2）及焊接质量的影响，并填入表4-3中。

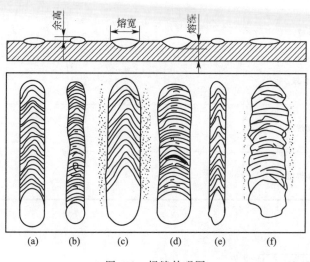

图 4-2　焊缝外观图

表 4-3　焊接工艺参数对焊缝形状影响

序号	焊缝状态描述	影响参数	对焊接质量的影响
（a）	形状规则,焊波均匀呈椭圆状	焊接电流与焊速合适	基本符合要求
（b）			
（c）			
（d）			
（e）			
（f）			

5. 焊接实例讨论一：如图 4-3 所示的家用液化气罐，设计压力 1.5MPa，灌装 25kg 液化石油气，罐体材料为 Q345A-Z 钢，阀座材料为 20 钢，护板和底座材料为 Q235，大量生产。试将选用的焊接方法和焊接材料填入表 4-4。

表 4-4 焊接方法与材料的选择答案

焊　缝	焊接方法	焊接材料
罐体中间的环焊缝		
罐体与阀座的环焊缝		
罐体与护板的断续焊缝		
罐体与底座的断续焊缝		

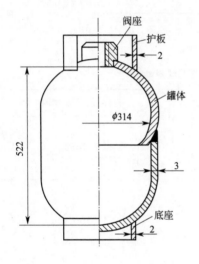

图 4-3 液化石油气罐结构图

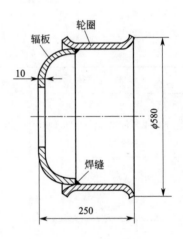

图 4-4 汽车轮毂结构图

☆6. 焊接实例讨论二：汽车车轮由轮圈和辐板组成，材料均为 Q235，如图 4-4 所示。大批量生产时，轮圈经卷制，再经焊接而成；轮圈与辐板焊接成一体，请将选定的焊接方法与材料填表 4-5（在相应位置画"√"即可）。

表 4-5 汽车轮圈焊接参数选定

工艺内容 讨论项目		焊接方法						焊接材料						其他
		闪光对焊	电阻对焊	摩擦焊	焊条电弧焊	CO$_2$气保护焊	氩弧焊	J422	J507	J427	H08A	H08Mn2SiA	H08MnSiA	
		1	2	3	4	5	6	7	8	9	10	11	12	13
轮圈纵焊缝	A													
轮圈与辐板间焊缝	B													

☆7. 根据表 4-6 所列零件，合理选择焊接方法。

表 4-6 焊接方法的选择

序号	焊 接 零 件	焊 接 方 法
1	汽车油箱(大量生产)	
2	45 钢车刀杆焊接硬质合金刀头	
3	麻花钻刀体与刀杆对接	
4	1mm 薄板搭接	
5	铝合金焊接	
6	黄铜件焊接	
7	铸铁汽缸体焊补	
8	角钢、槽钢组成的厂房桁架结构	

		评阅人签字(或章)
成 绩 或 评 语		
		年 月 日

训练 5 管 工

【教学基本要求】

1. 了解管工的基本知识，掌握套丝的操作方法。
2. 熟悉管工常用工具、设备的工作原理、结构和使用方法。
3. 熟悉管道附件的种类、结构、安装方法及其适用场合。
4. 熟悉管道系统水压试验的目的、要求和方法。
5. 初步掌握典型管道系统的安装。

【训练报告习题】

一、单项选择题（在备选答案中选出一个正确的答案，将号码填在题后括弧内）

1. 强调耐蚀性好，而且致密、气密性好，适合煤气输送的理想选择管子是_____。
                                            （　　）

  A. 重力连续铸造灰铸铁管　　　　　　　　B. 球墨铸铁离心铸造管
  C. 熔模铸造铸钢管　　　　　　　　　　　D. 砂型铸铁管

2. 传统的楼房建筑用排污铸铁管属于_____。　　　　　　　　　　　　（　　）
  A. 重力连续铸造灰铸铁管　　　　　　　　B. 球墨铸铁离心铸造管
  C. 熔模铸造铸钢管　　　　　　　　　　　D. 砂型铸铁管

3. 现代城市地下污水排泄管选用较多的是_____。　　　　　　　　　　（　　）
  A. 灰铸铁管　　　　　B. 橡胶管　　　　　C. 塑胶管　　　　　D. 不锈无缝钢管

4. 用做锅炉沸水管和过热蒸汽管的是轧制的_____无缝管。　　　　　　（　　）
  A. 优质碳素结构钢　　B. 耐热合金钢　　　C. 不锈耐酸钢　　　D. T12A

5. 在氨及氟利昂制冷管道及气动仪表管道中应用较多阀门是_____。　　（　　）

A. 球阀　　　　　　　B. 减压阀　　　　　　C. 节流阀　　　　　　D. 安全阀

6. 在家用太阳能热水器和电热水器给水管线中使用合理的应是＿＿＿＿＿。　　　　（　　）

A. 塑复管　　　　　B. 塑料管　　　　　C. 焊接钢管　　　　　D. 橡胶管

7. 能对介质流量和压力进行比较精确的调节的阀门是＿＿＿＿＿。　　　　　　　（　　）

A. 球阀　　　　　　B. 节流阀　　　　　C. 旋塞阀　　　　　D. 减压阀

8. 在生活中，自来水、煤气等设备上使用的小直径（＜65mm）管道的连接方法是＿＿＿＿＿。　　　　　　　　　　　　　　　　　　　　　　　　　　　　　　（　　）

A. 管螺纹连接　　　B. 焊接　　　　　C. 承插连接　　　　D. 活接头连接

9. 在家用太阳能热水器和电热水器给水管线连接中主要使用的是＿＿＿＿＿。　（　　）

A. 管螺纹连接　　　B. 焊接　　　　　C. 承插连接　　　　D. 活接头连接

10. 热弯管时，铜管加热＿＿＿＿＿。　　　　　　　　　　　　　　　　　　　（　　）

A. 必须使用烟煤　　B. 不准使用烟煤　　C. 宜用木炭加热　　D. 必须焦炭打底

二、多项选择题（在备选答案中，正确的答案不少于两个，将其号码填在题后括弧内）

1. 管道附件在系统管道中能起到＿＿＿＿＿的作用。　　　　　　　　　　　　（　　）

A. 调整压力　　B. 连接管道　　C. 改变方向　　D. 接出支管　　E. 封闭管道

2. 减压阀种类很多，传统的结构类型有＿＿＿＿＿。　　　　　　　　　　　　（　　）

A. 滑块式　　　B. 活塞式　　　C. 薄膜式　　　D. 杠杆式　　　E. 波纹管式

3. 管材之间、管材与管件、阀门之间的连接方式有＿＿＿＿＿等。　　　　　　（　　）

A. 双面不干胶粘接　　　　　B. 螺纹连接　　　　　C. 焊接、卡套式连接

D. 承插连接　　　　　　　　E. 法兰连接

4. 管螺纹连接常用填料有＿＿＿＿＿。　　　　　　　　　　　　　　　　　　（　　）

A. 棉线绳　　　B. 麻丝　　　C. 铅油　　　D. 石棉绳　　　E. 生料带

5. 一般中、低压钢管弯管的制作方式有＿＿＿＿＿。　　　　　　　　　　　　（　　）

A. 冷弯　　　　B. 热弯　　　C. 压制　　　D. 热推弯　　　E. 焊制成形

三、判断题（正确的在题干后面的括号内写"Y"，错误的写"N"）

1. 阀门的公称通径是指其与管道连接处的外径。　　　　　　　　　　　　　　（　　）

2. 公称压力是指与管道元件的力学强度有关的设计给定压力，代号 PN。　　　（　　）

3. 球阀指启闭件（栓塞）绕其轴线旋转的阀门。　　　　　　　　　　　　　　（　　）

4. 通过启闭件（阀芯）改变通路截面积，以调节流量、压力的阀门叫作截止阀。

（　　）

5. 旋塞阀对介质流动方向不限，且启闭迅速，但有压力、温度限制。　　　　　（　　）

6. 普通式铰板套丝完毕时，为防乱扣，铰板要倒转退出。　　　　　　　　　　（　　）

7. 当管径在 DN50 以上时，应尽可能用弯管，少用或不用成品弯头管件。　　　（　　）

8. 冷弯法制作弯管要充砂但不加热，操作简便安全。　　　　　　　　　　　　（　　）

9. 管螺纹连接用的填料只能用一次，拆卸重装时应更换填料。　　　　　　　　（　　）

10. 法兰（盘）与管道之间广泛采用焊接。　　　　　　　　　　　　　　　　（　　）

四、填空题

1. 管子割刀切管子比手锯快且方便，但管端部稍有外径胀大，内径＿＿＿＿＿＿。

2. 热弯管前，砂子必须＿＿＿＿＿＿＿＿＿＿，以免发生＿＿＿＿＿＿＿＿＿＿＿＿＿。

3. 链钳用于安装场所狭窄又无法用管钳处，对 DN＝65mm 的管子，链钳选＿＿＿＿mm。

4. 冷弯管器的操作比较简单，但要注意留有＿＿＿＿＿＿＿＿＿＿＿＿＿。

5. 管子割刀仅适用于公称通径＿＿＿＿＿＿＿＿＿＿＿＿的管子切割。

6. 可拆卸管道之间、管道与管件之间连接均采用＿＿＿＿＿＿＿＿＿＿＿连接。

7. 为防止＿＿＿＿＿＿＿＿＿＿＿＿，使套丝省力又螺纹清整、端正，当 DN＞50mm 时应＿＿＿＿次。

8. 即使在热弯管时也应比样棒多弯 3°～5°，因为热弯管＿＿＿＿＿＿＿＿＿＿＿＿。

五、问答题

1. 在表 5-1 中总结管道螺纹连接的主要方式、常用工具、应用场合和注意事项。

表 5-1　管道螺纹连接的主要方式、常用工具、应用场合和注意事项

序号	项　目		内　容
1	主要方式		
2	常用工具		
3	应用场合		
4	连接填料		
5	连接注意事项	①	
		②	
		③	
		④	

2. 在表 5-2 中注写图示各个阀门的名称、特点及应用场合。

表 5-2 常见阀门的名称、特点及应用场合

序号	阀门图例	阀门名称	特点	应用场合
1	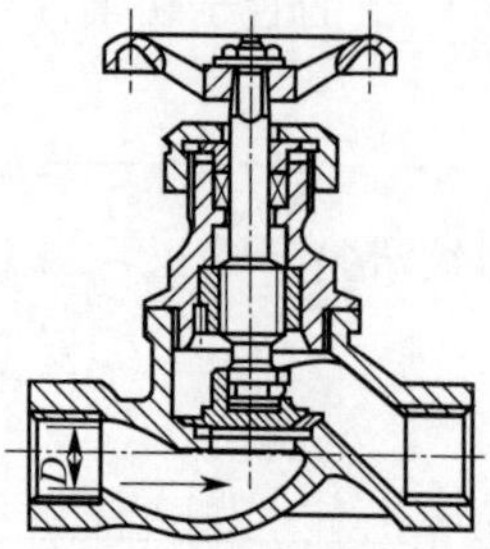			
2	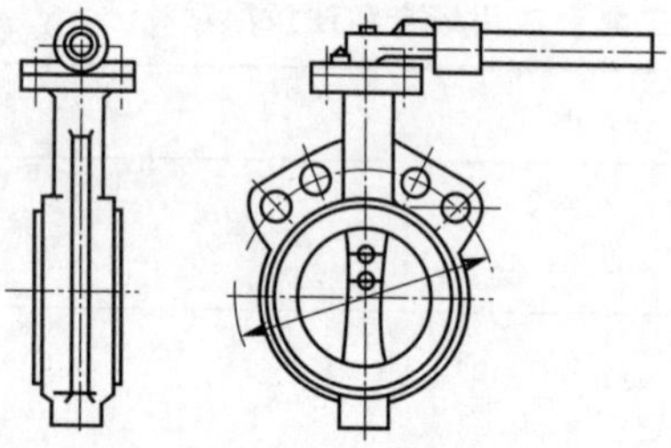			
3	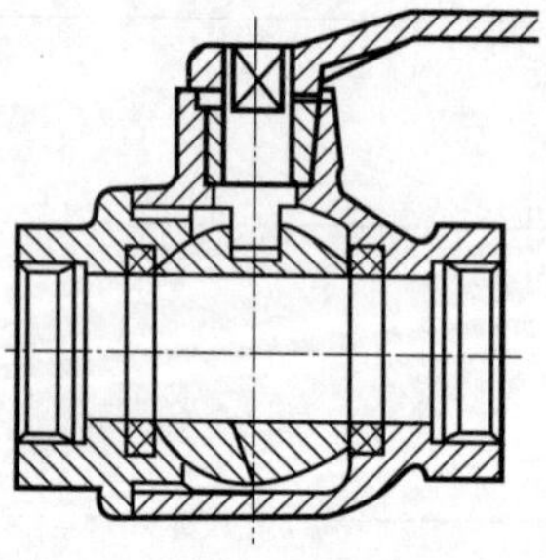			
4	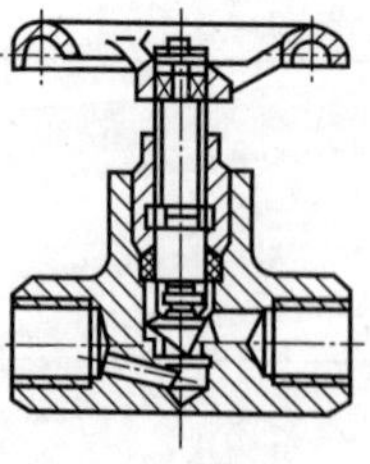			

☆3. 为了确保安全要在图 5-1 所示煤气管道系统上安装泄漏报警装置，请指出具体位置。

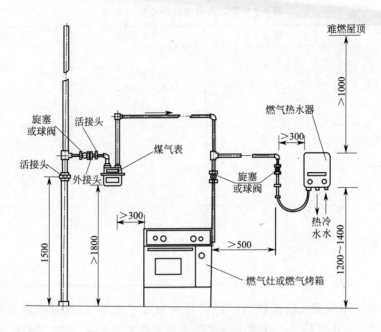

图 5-1 家用煤气管道系统简图

★4. 通过管工实习，试述何谓管道系统的试压？简述试压方法与要求。【要参考更多的专业书】

答：

★5. 观察学习、生活的环境中用到水表、煤气表和电表结构、工作原理、作用有何异同？将结果填入表 5-3 中。

表 5-3　常见流量表结构原理与应用

序号	表类	主要结构	工作原理	作用
1	自来水表			
2	煤气表			
3	电表			

★6. 对于许多刚刚完成的城建项目，就有人为其"扒路"。通过本课及实习的学习内容，试构思设计"无沟渠施工"。【据报道国际无沟渠技术学会在 1986 年便已成立】

答：

		评阅人签字（或章）
成　绩 或 评　语		 年　月　日

训练 6　切削基础知识

【教学基本要求】

1. 熟悉金属切削基本知识中的切削运动、切削用量及其选择的一般原则。

2. 基本掌握机械加工中技术要求的内涵；熟知加工精度和表面粗糙度等基本概念在切削中的体现。

3. 了解技术要求中的几何公差概念。

4. 基本掌握常用量具的测量原理、构成和使用方法。

【训练报告习题】

一、单项选择题（在备选答案中选出一个正确的答案，将号码填在题后括弧内）

1. 机床切下切屑所需的最基本的运动是_____。　　　　　　　　　　（　　）

A. 主运动　　　　　B. 进给运动　　　　　C. 齿轮运动　　　　　D. 走刀运动

2. 粗加工应尽可能选取较大的_____。　　　　　　　　　　　　　　（　　）

A. 切削速度　　　　B. 进给量　　　　　　C. 背吃刀量　　　　　D. 刀具耐用度

3. 一般情况下，为保证加工质量，又要提高生产率，精加工常选较高_____。（　　）

A. 切削速度　　　　B. 进给量　　　　　　C. 背吃刀量　　　　　D. 刀具耐用度

4. 专用于测量深度的游标卡尺是_____。　　　　　　　　　　　　　（　　）

A. 高度游标卡尺　　B. 外径千分尺　　　　C. 深度游标卡尺　　　D. 卡钳

5. 百分表主要用于_____。　　　　　　　　　　　　　　　　　　　（　　）

A. 径向和轴向圆跳动　B. 同轴度和平面度　C. 精密找正　　　　　D. 比较测量

6. 在生产中使用广泛的量具是_____。　　　　　　　　　　　　　　（　　）

A. 钢尺　　　　　　B. 卡钳　　　　　　　C. 游标卡尺　　　　　D. 百分表

7. 下列不属于千分尺基本类型的是_____。 （   ）

A. 内径千分尺　　　B. 外径千分尺　　　C. 深度千分尺　　　D. 百分表

8. 下列不属于利用机械力对各种工件进行加工的方法是_____。 （   ）

A. 车削　　　　　　B. 锉削　　　　　　C. 磨削　　　　　　D. 刨削

9. 结构简单，使用方便，可直接测出工件的内、外径、宽、深度的精密量具是_____。

（   ）

A. 钢尺　　　　　　B. 卡钳　　　　　　C. 游标卡尺　　　　D. 百分表

10. 可直接用来测量工件的尺寸常用量具是_____。 （   ）

A. 钢尺　　　　　　B. 卡钳　　　　　　C. 游标卡尺　　　　D. 百分表

二、多项选择题（在备选答案中，正确的答案不少于两个，将其号码填在题后括弧内）

1. 切削用量包括_____。 （   ）

A. 补偿量 h　　B. 进给量 f　　C. 背吃刀量 a_p　　D. 退刀速度　　E. 切削速度 v_c

2. 零件的技术要求包括_____与表面处理（如电镀）等几个方面 （   ）

A. 表面粗糙度　B. 尺寸精度　　C. 几何公差　　　D. 位置公差　　E. 热处理方法等

3. 通过合理选择切削用量可以在一定的生产条件下获得_____。 （   ）

A. 高的产量　　B. 高的生产率　C. 合格的质量　　D. 低的劳动强度　E. 低的生产成本

4. 下列属于直接量具的是_____。 （   ）

A. 钢尺　　　　B. 卡钳　　　　C. 游标卡尺　　　D. 千分尺　　　E. 百分表。

5. 正确维护和保养量具的措施有：_____。 （   ）

A. 用过放松装盒内　　　　　B. 静止常温轻量工件　　　　C. 单独存放不杂混

D. 水洗丝刷勤抹擦　　　　　E. 不能手擦禁用水

三、判断题（正确的在题干后面的括号内写"Y"，错误的写"N"）

1. 主运动单位循环下，刀具与工件之间沿进给运动方向的相对位移量，为背吃刀量。

（   ）

2. 位置公差是指零件上的点、线、面要素的实际位置相对于理想位置的允许变动度。

（   ）

3. 卡钳是一种间接量具，它可以直接测量出工件的尺寸，只是测量精度低点。 （   ）

4. 硬质合金刀具多采用较低的切削速度 v_c，高速钢刀具则采用较高的切速。 （   ）

5. 粗加工的原则是尽快地切去工件上多余的金属，同时要保证的刀具耐用度。 （   ）

6. 任何加工方法都不可能也没有必要将零件的尺寸做得绝对准确。 （   ）

7. 百分表是一种应用广泛，精度较高的直接量具。 （   ）

8. 测量孔径或槽宽的验规称为卡规，测量轴径或厚度的验规称为塞规。 （   ）

9. 高度游标尺也可以用于钳工精密划线。 （   ）

10. 百分表的准确度为 0.01mm，它也可用于工件的精密找正。 （   ）

四、填空题

1. 切削就是利用切削工具从工件上_____的加工方法。

2. 进给运动是_____，

从而加工出完整表面所需的运动。

3. 表面粗糙度常用 _____ 来表示。

4. 决定尺寸精度，即同一尺寸段的零件的精确程度的是 _____。

5. 对于同一基本尺寸的零件，公差数值从高到低依次加大，_____。

6. 切削时，_____必须有一定的相对运动。

7. 切削用量是_____所必须使用的参数。

8. 精加工往往_____的方法来逐步提高加工精度。

9. 零件加工表面上具有的_____特性称为表面粗糙度。

10. 机械加工是_____，对各种工件进行加工的方法。

五、问答题

1. 由表 6-1 中的图，说明游标卡尺的读数步骤与图例所示精度及尺寸是多少。

表 6-1　游标卡尺读数步骤与精度及尺寸

步骤	
	(标尺图: 2 3 4 5 / 0 1 2 3 4 5)
1	
2	
3	
4	读数精度：　　　　　　　　　　上图中的读数为：

☆2. 读出图 6-1 所示千分尺所示尺寸。

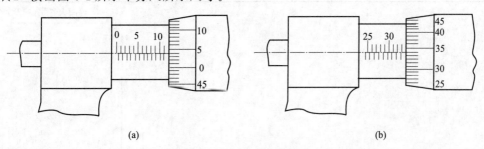

(a)　　　　　　　　　　　　　　　　(b)

图 6-1　千分尺所示尺寸

（a）＿＿＿＿＿＿＿＿＿＿＿＿＿＿＿＿＿＿＿＿＿＿＿＿＿＿＿＿＿＿＿＿＿

（b）＿＿＿＿＿＿＿＿＿＿＿＿＿＿＿＿＿＿＿＿＿＿＿＿＿＿＿＿＿＿＿＿＿

☆3. 按表 6-2 中所给图例，说明在加工中是如何使用百分表进行检测的。

表 6-2　百分表应用图与文字解说

序号	百分表测量图	测量项目	配合工具
1			
2			
3			

		评阅人签字（或章）
成　绩 或 评　语		
		年　　月　　日

训练 7　钳　　工

【教学基本要求】

1. 熟悉划线的目的和基本知识，正确使用划线工具，掌握平面和立体划线方法。
2. 熟悉锯削和锉削的应用范围及其工具的名称、规格和选用。
3. 掌握锯削和锉削的基本操作方法及其安全知识。
4. 掌握钻孔工艺、钻头选用、钻床的操作及其安全知识。
5. 了解扩孔、铰孔、锪孔、攻丝、套丝及刮削等的应用及基本工艺过程。
6. 了解装配的概念、基本掌握拆装的技能，熟知装配质量的好坏对生产有何影响。

【训练报告习题】

一、单项选择题（在备选答案中选出一个正确的答案将号码填在题后括弧内）

1. 在没有孔的工件上进行孔加工应选用_____。　　　　　　　　　　　　　　（　　）

　A. 铰刀　　　　　B. 扩孔钻　　　　C. 麻花钻　　　　　　D. 锪钻

2. 较大工件和多孔工件的孔加工适宜选用_____。　　　　　　　　　　　　　（　　）

　A. 台钻　　　　　B. 冲击钻　　　　C. 立式钻床　　　　　D. 摇臂钻床

3. 锉削余量较大平面时，应采用_____。　　　　　　　　　　　　　　　　　（　　）

　A. 顺向锉　　　　B. 交叉锉　　　　C. 推锉　　　　　　　D. 任意锉

4. 锉削时，锉刀的用力应是在_____。　　　　　　　　　　　　　　　　　　（　　）

　A. 推锉时　　　　　　　　　　　B. 拉回锉刀时

　C. 推锉和拉回锉刀时　　　　　　D. 推锉时两手用力应变化

5. 锯条安装过紧或过松，用力过大，锯条易发生_____。　　　　　　　　　　（　　）

　A. 崩齿　　　　　B. 折断　　　　　C. 磨损过快　　　　　D. 卡住

6. 工件套丝前须先确定光杆直径，经验公式为_____。 （　　）

A. 螺纹外径$-0.13 \times P$　　　　B. 螺纹外径$+0.2 \times P$

C. 螺纹外径$-0.2 \times P$　　　　D. 螺纹外径$+0.13 \times P$

7. 在工件上攻丝须先钻底孔，孔径应_____。 （　　）

A. 大于螺孔螺距　　　　　　　B. 等于螺孔螺距

C. 小于丝锥外径　　　　　　　D. 按螺距计算确定

8. 大孔分两次钻削效率高，$\phi 40\text{mm}$ 的孔，预钻孔的直径为_____。 （　　）

A. 10mm　　　B. 15mm　　　C. 20mm　　　　D. 30mm

9. 平面挺刮刀是刮削的工具，通常选用_____制成较多。 （　　）

A. GCr15　　　B. K30　　　C. W6Mo5Cr4V2　　　D. ZGMn13

10. 机床类的单件、小批量生产装配精度要求较高的机械装配应选用_____。 （　　）

A. 互换装配法　　B. 分组装配法　　C. 修理装配法　　　　D. 调整装配法

二、多项选择题（在备选答案中，正确的答案不少于两个，将其号码填在题后括弧内）

1. 下列孔加工复合刀具属于按同类刀具复合类型的是_____。 （　　）

A. 多孔复合铰　　　　　　B. 钻-铰复合刀具　　　C. 复合扩孔钻

D. 钻-扩-铰复合刀　　　　E. 复合镗

2. 下列哪些属于对机器进行拆卸的基本要求？ （　　）

A. 看懂图纸再下手　　　　B. 上下外内顺序拆　　　C. 专用工具铜木锤

D. 注意标记系统放　　　　E. 螺纹旋向辩清晰

3. 平面刮削基本步骤有【注意：问步骤，答则有顺序】_____。 （　　）

A. 粗刮　　　　B. 刮花　　　　C. 精刮　　　　D. 精细刮　　　E. 细刮

4. 丝锥按照使用方法不同可以分为_____。 （　　）

A. 固定丝锥　　B. 活络丝锥　　C. 手用丝锥　　　D. 机用丝锥　　E. 管螺纹丝锥

5. 钳工有工具简，操作活，可完成机加工难完成的工作等特点，应用主要有_____。

（　　）

A. 单件、小批加工前划线等　　B. 装配前孔加工配做及修整

C. 加工精密件如锉刮研　　　　D. 产品的组装、调整、试车

E. 设备的维修

三、判断题（正确的在题干后面的括号内写"Y"，错误的写"N"）

1. 锉削时的基本姿势是：左腿伸直，右腿随锉削运动而往复屈伸。 （　　）

2. 划线时为了使划出的线条清晰，划针应在工件上反复多次划动，直至划清。 （　　）

3. V形铁在划线中用来支撑圆柱形或半圆形工件，以便找中心与划中心线。 （　　）

4. 锯削时往复速度不易太快，通常每分钟往复45次左右。 （　　）

5. 粗锉刀，齿间大，易堵塞，不适宜粗加工或锉铜、铝等软金属。 （　　）

6. 麻花钻的切削和导向部分的作用是引导并保持钻削方向和修光孔壁。 （　　）

7. 硬质合金建工钻刀头材料用45钢等碳素结构钢制造。 （　　）

8. 使用铰刀对已扩的孔进行加工称为铰孔。 （　　）

9. 手工铰孔时，两手用力要均匀，只准顺时针方向转动，不能倒转。 （　　）

10. 装配流水线，按产品对象不同，可分为柔性装配线和刚性装配线。　　　（　　）

四、填空题

1. 划卡又称单脚规，主要用来确定＿＿＿＿＿＿＿＿＿＿＿＿＿＿＿。

2. 选择划线基准时，应尽量与＿＿＿＿＿＿＿＿＿＿＿＿＿＿＿＿＿＿＿＿，
以提高划线效率和保证划线精度。

3. 对圆弧表面粗加工锉削时，主要用＿＿＿＿＿＿＿＿＿＿＿。

4. 如果钻孔产生偏斜应及时纠正，对较小的孔，方法是：＿＿＿＿＿＿＿＿＿。

5. 普通机用铰刀的特点是：＿＿＿＿＿＿＿＿＿＿＿＿＿＿。

6. 使铰削速度达 150m/min 的高速铰削使用的是＿＿＿＿＿＿＿＿。

7. 锪钻按切削部分形状分为三种：＿＿＿＿＿＿＿＿、＿＿＿＿＿＿＿＿
和端面锪钻。

8. 基于＿＿＿＿＿＿＿＿＿＿＿＿的无屑加工已成为螺纹加工的主要方法。

9. 刮削能提高工件间的配合精度，形成＿＿＿＿＿＿＿＿＿＿＿＿＿＿。

五、问答题

1. 在表 7-1 中简述钳工的划线作用与分类有哪些？

表 7-1　钳工的划线作用与分类

		内 容 简 述
划线作用	1	
	2	
	3	
分类		

2. 用简单语言归纳锯削操作的"三部曲"，填入表 7-2 内。

表 7-2　锯削操作的三部曲要领

步骤	工序	锯削操作的"三部曲"内容
1		
2		
3		

3. 钻孔时产生钻孔轴线歪斜的主要原因有哪些，填入表 7-3。

表 7-3　钻孔时产生钻孔轴线歪斜的主要原因归纳

序号	造成钻孔轴线歪斜的主要因素
1	
2	
3	
4	
5	

4. 请在表 7-4 中"对图入座"填写相应的钻床工作。

表 7-4　钻床工作的图形与文字对照

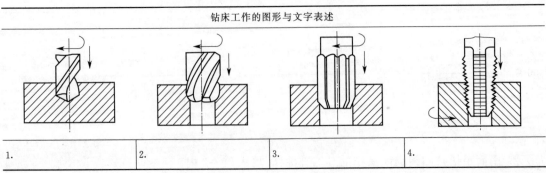

钻床工作的图形与文字表述			
1.	2.	3.	4.

钻床工作的图形与文字表述

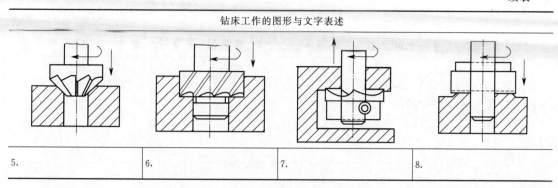

5.	6.	7.	8.

☆5. 请在表 7-5 中，用简洁的语言归纳攻螺纹的工艺要点。

表 7-5　攻螺纹的工艺要点

序号	工序名称	攻螺纹的操作方法
1	钻底孔	
2	头攻丝	
3	二三攻	
4	要润滑	

☆6. 根据提示图示，在表 7-6 中填写图 7-1 所示轴承座毛坯的划线步骤及所用工具。

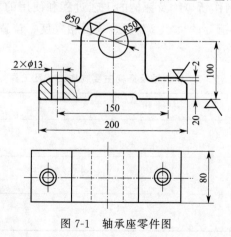

图 7-1　轴承座零件图

表 7-6 轴承座毛坯的划线步骤及所用工具

序号	图形示意	操作内容	所用工具
1	【例】划线前的基础工作	看图纸、定基准、清疤刺、刷涂料	錾子、旧钢锉、刷子等
2	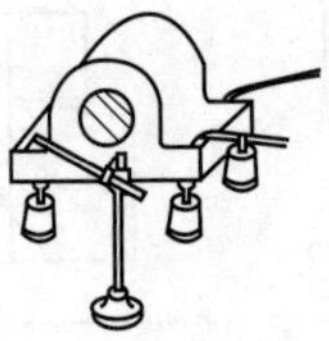		
3	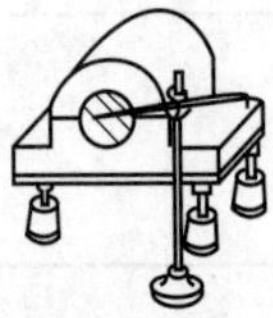		
4	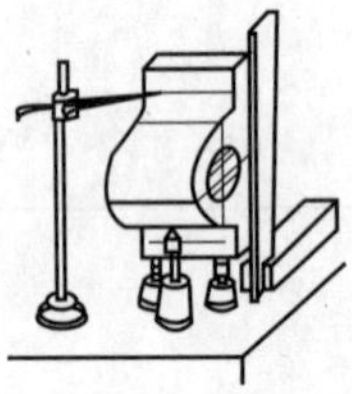		
5	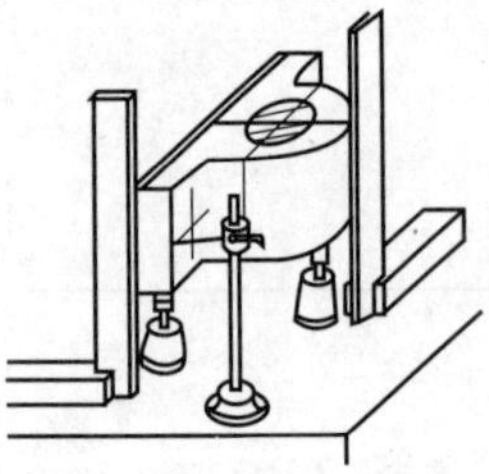		
6		检查划线正确与否,打样冲眼	

☆7. 请将钳工训练中制作斩口锤及锤柄的工艺过程和使用的主要工具记录于表 7-7 内,在表 7-8 中右栏填写所做小锤等的尺寸、材料、表面粗糙度、位置精度及热处理等技术要求诸要素。

表 7-7 斩口锤及锤柄主要制作工艺及工具

序号	主要制作工艺	主要工具
1		
2		
3		

序号	主要制作工艺	主要工具
4		
5		
6		
7		
8		
9		
10		
11		
12		
13		
14		

表 7-8　斩口锤头与锤柄零件简图与技术条件

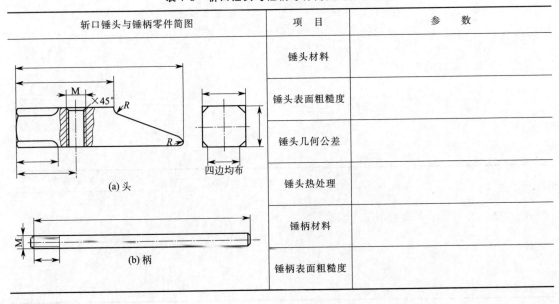

斩口锤头与锤柄零件简图	项　目	参　　数
	锤头材料	
	锤头表面粗糙度	
	锤头几何公差	
	锤头热处理	
	锤柄材料	
	锤柄表面粗糙度	

★8. 试述自行车拆装的主要步骤。

【训练内容：拆装自行车的前轴、中轴和后轴并在拆装中了解轴承部件的结构，安装位置、定位和固定。训练目的：了解自行车的车体结构和自行车主要零部件的基本构造与组成，如车架部件、前叉部件、链条部件、前轴部件、中轴部件、后轴部件、飞轮部件等，增强对机械零件的感性认识；了解前轴部件、中轴部件、后轴部件的安装位置、定位和固定；熟悉自行车的拆装和调整过程，初步掌握自行车的维修技术等。】

		评阅人签字（或章）
成　绩 或 评　语		
		年　月　日

训练 8　车　　工

【教学基本要求】

1. 熟知车床加工的范围，能解说训练中所使用车床的型号含义，基本了解车床的结构、传动路线，了解其他类型的车床。

2. 初步掌握车刀的种类，基本选用，有独立车削一般简单零件的操作技能。

3. 基本掌握工件在车床上的安装及其车床常用附件的应用。

4. 基本掌握车床基本车削方法中的车端面、外圆、台阶、切断、切槽、圆锥面、简单的螺纹车削及其他简单车削工艺技能。

5. 能按实习图纸的技术要求正确、合理地选择工具、夹具、量具及制定简单的车削工艺顺序。

【训练报告习题】

一、单项选择题（在备选答案中选出一个正确的答案，将号码填在题后括弧内）

1. 刀具上能使主切削刃的工作长度增大的几何要素是_____。　　　　　　（　　）

A. 增大前角　　　　B. 减小负偏角　　　　C. 减小主偏角　　　　D. 增大刃倾角

2. 刀具上能减小工件已加工表面粗糙度 Ra 值的几何要素是_____。　　　（　　）

A. 增大前角　　　　B. 减小负偏角　　　　C. 减小主偏角　　　　D. 增大刃倾角

3. 精车铸铁工件时，一般_____。　　　　　　　　　　　　　　　　　　（　　）

A. 不用切削液或用煤油　　　　　　　B. 用低浓度乳化液

C. 用高浓度乳化液　　　　　　　　　D. 用切削液

4. 在普通车床上，一般的车削零件能达到经济的表面粗糙度 Ra 值为_____ μm。

（　　）

A. 0.4～0.2　　　B. 1.6～0.4　　　C. 3.2～0.4　　　D. 6.3～1.6

5. 影响切削层参数、切削分力的分配、刀尖强度及散热情况的刀具角度是_____。

（　　）

A. 前角和后角　　B. 主偏角　　　　C. 负偏角　　　　D. 刃倾角

6. 影响刀尖强度和切屑流动方向的刀具角度是_____。（　　）

A. 前角和后角　　B. 主偏角　　　　C. 负偏角　　　　D. 刃倾角

7. 下列刀具材料中，强度和韧性最好的材料是_____。（　　）

A. 高速钢　　　　B. P类硬质合金　　C. K类硬质合金　　D. 合金工具钢

8. 当车削大而扁平且形状不规则的零件时，应选用的夹具是_____。（　　）

A. 三爪卡盘　　　B. 四爪卡盘　　　C. 心轴　　　　　D. 花盘

9. 车削加工同轴度要求较高的实心轴时应用装夹_____。（　　）

A. 三爪卡盘　　　B. 四爪卡盘　　　C. 心轴　　　　　D. 花盘

10. 对于大型或形状不规则的工件车削，为保证安全，装夹应选用_____。（　　）

A. 三爪卡盘　　　B. 四爪卡盘　　　C. 心轴　　　　　D. 拨盘

二、**多项选择题**（在备选答案中，正确的答案不少于两个，将其号码填在题后括弧内）

1. 按结构形式分类，车刀有_____。（　　）

A. 整体车刀　　　　B. 焊接车刀　　　　C. 机夹不重磨车刀

D. 机夹重磨车刀　　E. 外圆车刀

2. 刀具切削部分的材料应具备的性能有_____。（　　）

A. 高的硬度　　　　B. 强而韧　　　　　C. 能耐磨

D. 耐高热　　　　　E. 工艺性好

3. 车刀安装时，保证刀尖与工件中心线等高的方法有_____。（　　）

A. 钢尺测量法　　　B. 百分表测量　　　C. 按刀尖高度装刀

D. 目测试车再调整　E. 千分尺测量

4. 常用的锥面车削方法有_____。（　　）

A. 转动小滑板法　　B. 偏移尾座法　　　C. 宽刀法

D. 成形刀具法　　　E. 靠模法

5. 车床种类很多，常用的有_____。（　　）

A. 马鞍及落地车床　B. 转塔与回轮车床　C. 仪表车床

D. 数控车床　　　　E. 立式车床

三、**判断题**（正确的在题干后面的括号内写"Y"，错误的写"N"）

1. 由于积屑瘤在刀具上有"时积时流"的特点，故不会影响切削。（　　）

2. 车削外圆时，车刀必须与主轴轴线严格等高，否则会出现形状误差。（　　）

3. 车削细长轴时若不采取措施，容易出现腰鼓形的圆柱度误差。（　　）

4. 车削时，主轴旋转速度越高，则切削速度越高。（　　）

5. 车刀的主偏角越大，工件所受径向力反而越小。（　　）

6. 车 M24×2 螺纹时，转速可以任意调换，不会影响螺距。（　　）

7. 车刀的前角越大，刀具的强度越差。（　　）

8. 花盘一般直接安装在车床的卡盘上。（　　）

9. 只要主轴转速不变，车端面时的切削速度就是恒定的。 （   ）

10. 在车床上钻孔和在钻床上钻孔一样，钻头在作主运动的同时又作进给运动。（   ）

四、填空题

1. 由于车削_____，一般车削可达尺寸精度为_____。

2. CX5112A 是最大切削直径为_____。

3. 车床滑板有大、中、小三层，其中小滑板是_____

_____时使用的。

4. 立式车床特别适用于_____的工件安装和加工。

5. 刀具静止参考系，又称标注参考系，它是_____。

6. 在车刀刃磨使用砂轮机时，注意两条：_____。

7. 在四爪卡盘上找正精度较高工件时，可用_____。

8. 防止细长轴车成腰鼓形，采取措施是：_____。

9. 车圆弧沟槽或外圆端面沟槽关键在于车刀的形状与_____。

五、问答题

1. 按表 8-1 所示指引数字，在表右栏填写 C6132 车床各部分名称。（至少填写 10 件）

表 8-1　普通车床结构图

C6132 车床外形图	序号	部件名称	序号	部件名称
	1		6	
	2		7	
	3		8	
	4		9	
	5		10	
			11	

2. 根据车工实习的记忆，在表 8-2 中填写车床常见传动类型的应用部位与主要功用。

表 8-2　车床常见传动类型的应用部位与主要功用

序号	传动类型	车床的所在部位	主　要　功　用
1	带传动		
2	齿轮传动		

序号	传动类型	车床的所在部位	主 要 功 用
3	蜗杆传动		
4	齿条传动		
5	丝杠传动		

☆3. 在表 8-3 中参照提示的图形，写出图 8-1 所示齿轮坯零件的加工工艺过程。

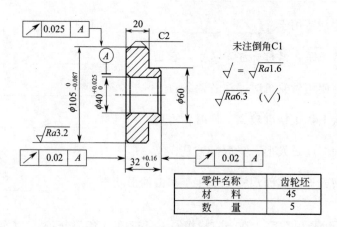

未注倒角C1

$\sqrt{} = \sqrt{Ra1.6}$

$\sqrt{Ra6.3}$ ($\sqrt{}$)

零件名称	齿轮坯
材 料	45
数 量	5

图 8-1 齿轮零件图

表 8-3 齿轮坯零件的加工工艺过程卡

工序	加工简图	加工内容	装夹方法
1	（图略）	下料 $\phi110mm \times 36mm$，共 5 件	
2			
3			

工序	加工简图	加工内容	装夹方法
4			
5			
6		检验	

4. 车削螺纹的牙形要经过多次走刀才能完成，试"看图填字"完成表 8-4 的同时体会车螺纹的操作。

表 8-4　车床上车削螺纹的操作过程

车床上车削螺纹的操作过程图形与文字表述		
1.	2.	3.
1.	5.	6.

5. 在图 8-2 所示各幅图例下填写具体工作内容。

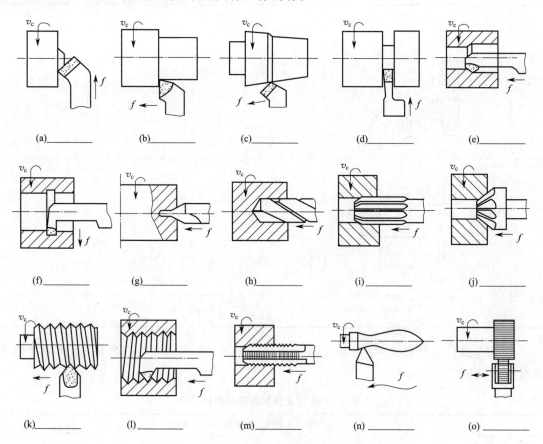

(a)_____ (b)_____ (c)_____ (d)_____ (e)_____

(f)_____ (g)_____ (h)_____ (i)_____ (j)_____

(k)_____ (l)_____ (m)_____ (n)_____ (o)_____

图 8-2 车床的加工范围

成 绩 或 评 语		评阅人签字（或章）
		年 月 日

训练 9 刨 工

【教学基本要求】

1. 了解刨削的工艺特点和应用范围。

2. 了解刨床常用刀具、夹具、附件的性能和使用方法。

3. 基本掌握牛头刨床的操作及主要机构调整；熟悉在牛头刨床上正确安装刀具与工件的方法，并掌握刨平面、垂直面和沟槽的方法与步骤。

4. 了解插床、拉床的结构及工艺特点。

【训练报告习题】

一、单项选择题（在备选答案中选出一个正确的答案，将号码填在题后括弧内）

1. 作为刨削的经济加工，表面粗糙度一般为_____。 （ ）

A. $Ra12.5\sim6.3$　　　B. $Ra6.3\sim3.2$　　　C. $Ra6.3\sim1.6$　　　D. $Ra3.2\sim0.8$

2. 刨削的主运动是_____。 （ ）

A. 直线间歇运动　　　B. 直线往复运动　　　C. 连续旋转运动　　　D. 断续旋转运动

3. 实现牛头刨床主运动的部件是_____。 （ ）

A. 床身　　　　　　　B. 滑枕　　　　　　　C. 刀架　　　　　　　D. 横梁

4. 牛头刨床刨削不同长度工件时刨刀行程的调整是通过_____实现的。 （ ）

A. 横向进给量　　　　B. 纵向进给量　　　　C. 滑枕往复行程位置

D. 滑枕往复运动次数

5. 下列机床适合加工大型零件上长而窄的平面或大平面的是_____。 （ ）

A. 插床　　　　　　　B. 拉床　　　　　　　C. 牛头刨床　　　　　D. 龙门刨床

6. 为防止刨刀受力弯曲时损伤已加工表面。安装刨刀时刀头伸出_____。 （ ）

A. 不宜过长　　　　　B. 适当长点　　　　　C. 调转角度　　　　　D. 没有约束

7. 完成插床直线往复主运动的是_____。　　　　　　　　　　　　　（　　）

A. 上拖板　　　　　B. 下拖板　　　　　C. 圆形工作台　　　　　D. 滑枕

8. 对于较大批量的工件或形状特殊的工件的刨削，可以使用_____来装夹。　（　　）

A. 平口钳　　　　　B. 压板、螺栓　　　　　C. 专用夹具　　　　　D. 圆形工作台

9. 宽刃精刨可在精刨平面的基础上，将工件安装在_____进行。　　　（　　）

A. 插床　　　　　B. 拉床　　　　　C. 牛头刨床　　　　　D. 龙门刨床

10. 拉床的结构较简单，多采用_____。　　　　　　　　　　　　　（　　）

A. 带传动　　　　　B. 齿轮传动　　　　　C. 步进电机　　　　　D. 液压传动

二、多项选择题（在备选答案中，正确的答案不少于两个，将其号码填在题后括弧内）

1. 按结构特征，下列属于刨床的有_____。　　　　　　　　　　　　（　　）

A. 牛头刨床　　　　B. 插齿机　　　　C. 龙门刨床　　　　D. 插床　　　　E. 拉床

2. 刨刀杆通常做成弓形，其目的是_____。　　　　　　　　　　　　（　　）

A. 减少冲击力　　　B. 利用弹性切削　　C. 防止"扎刀"　　D. 为大切削用量

E. 艺术造型

3. 刨刀按加工形式和用途的不同有_____。　　　　　　　　　　　　（　　）

A. 平面刨刀　　　　B. 偏刀　　　　C. 切刀　　　　D. 螺纹刀　　　　E. 成形刀

4. 刨削用量主要有_____。　　　　　　　　　　　　　　　　　　　（　　）

A. 刨削速度　　　　B. 进给量　　　　C. 背吃刀量　　　　D. 刨削深度　　E. 侧吃刀量

5. 可以用于拉削的零件表面有_____。　　　　　　　　　　　　　　（　　）

A. 发动机体两端面B. 轴上键槽　　　　C. 齿条齿面　　　　D. 齿轮内花键

E. 球形内表面

三、判断题（正确的在题干后面的括号内写"Y"，错误的写"N"）

1. 牛头刨床不仅能加工平面，也能加工曲面。　　　　　　　　　　　　（　　）

2. 龙门刨床和牛头刨床的主运动形式是不同的。　　　　　　　　　　　（　　）

3. 在刨刀回程中，用手抬起抬刀板，可以保持工件表面良好的粗糙度。　（　　）

4. 牛头刨床的进给量与刨刀每往复行程一次进给棘轮被拨过的齿数成正比。（　　）

5. 因为刨削是断续切削，而且切削速度又低，刨削绝对不必使用冷却液。（　　）

6. 在刨削 T 形槽时，当凹槽深度大于刀具深度时，必须一刀刨削。　　（　　）

7. 相对铣削，具有窄长表面的工件表面加工使用刨削，效率高。　　　　（　　）

8. 拉刀切削部分的切削齿的齿升量由后向前逐齿递减。　　　　　　　　（　　）

9. 牛头刨床刨刀主运动时，其返回空行程时间比切削行程时间要长。　（　　）

10. 拉削不能加工台阶孔、盲孔等。　　　　　　　　　　　　　　　　（　　）

四、填空题

1. 编号 B6065 中的 65 为主参数，表示_____。

2. 调整棘爪每次拨动棘轮的齿数，可调整_____。

3. 龙门刨床_____而称为龙门刨床。

4. 拉刀可以看作为一种变化的 _____。

5. 刨刀安装时，调节 _____，以控制吃刀深度，再调节
刀架，使刀架下端面与 _____。

6. 每次刨削进给中，已加工表面与待加工表面之间的垂直距离，称为 _____。

7. 垂直面的刨削是通过 _____ 来刨削，刨垂直面时须 _____。

8. 刨斜面时，_____，从上向下倾斜进给
来进行刨削。

五、问答题

1. 在表 9-1 中注写图示各机床的名称、组成及应用场合。

表 9-1　图示机床的名称注写、主要组成部分及应用场合

序号	机床外观图	名称	主要组成部分	应用场合
1	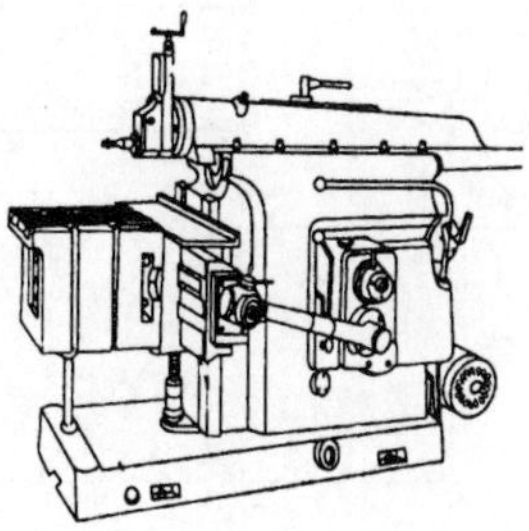		① ② ③ ④ ⑤	
2	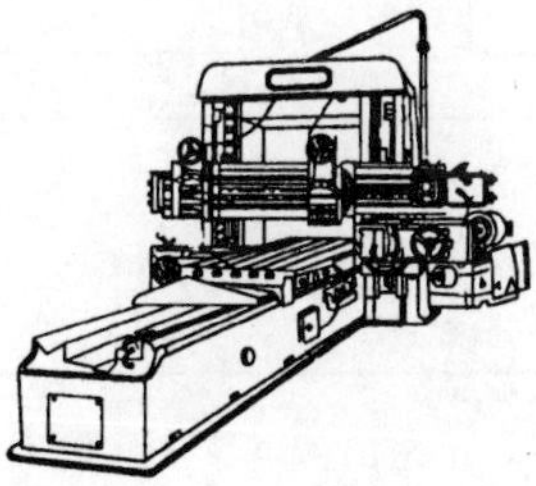		① ② ③ ④ ⑤	
3	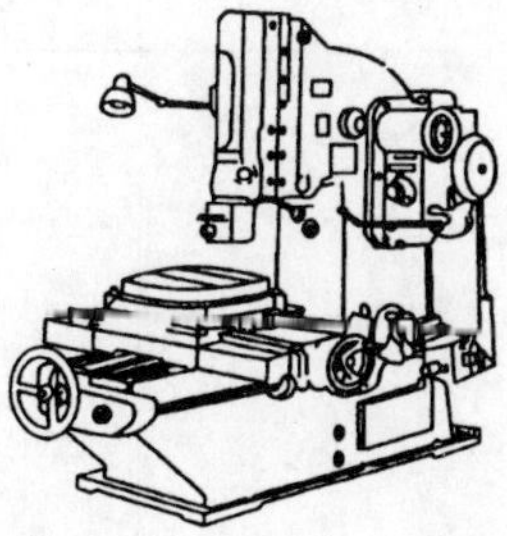		① ② ③ ④ ⑤	

序号	机床外观图	名称	主要组成部分	应用场合
4	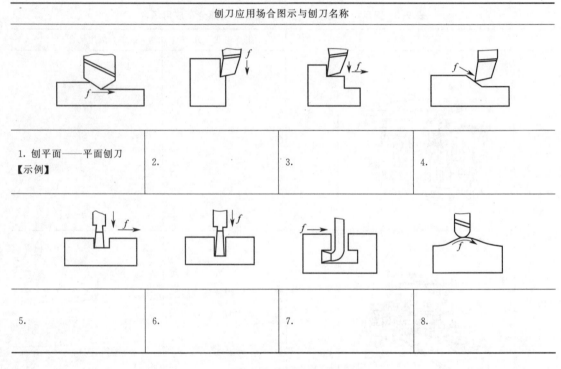		① ② ③ ④	

☆2. 在表 9-2 中参照提示的图形，写出刨刀名称与用途。

表 9-2　刨刀名称与用途

刨刀应用场合图示与刨刀名称

1. 刨平面——平面刨刀 【示例】	2.	3.	4.
5.	6.	7.	8.

☆3. 在表 9-3 中参照提示的图形，写出刨削 T 形槽的工艺过程。

表 9-3　刨削 T 形槽的工艺过程

工序	加工简图	加工内容	装夹方法
1			

工序	加工简图	加工内容	装夹方法
2	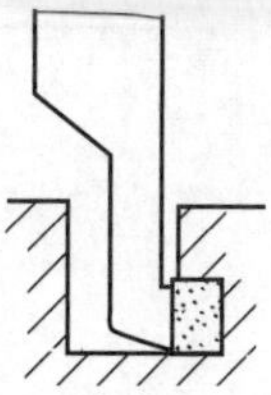		
3	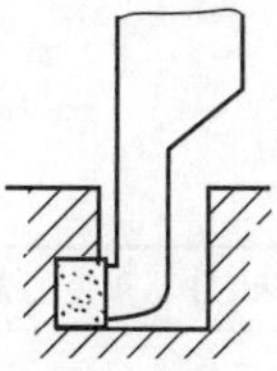		
4	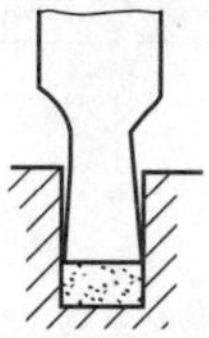		

☆4. V形铁的端面形状见表 9-4 中图示。试述刨削 V 形槽的加工步骤。

表 9-4 刨削 V 形槽的加工步骤

工序	加工简图	加工内容	装 夹 方 法	刀 具 选 用
V 形 铁 零 件 图	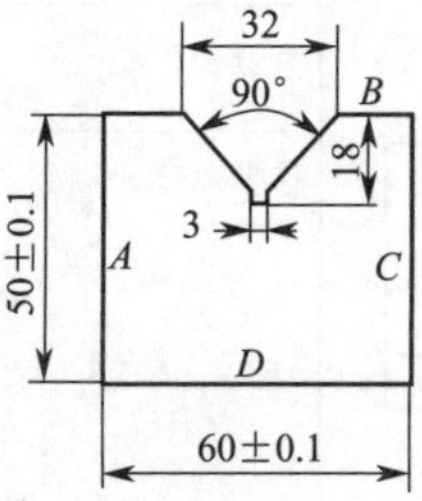	技术要求： 零件长 80mm； 表面粗糙度全部 Ra 值 3.2μm； 毛坯选用 105mm×75mm×55mm 的长方形 HT200		
1	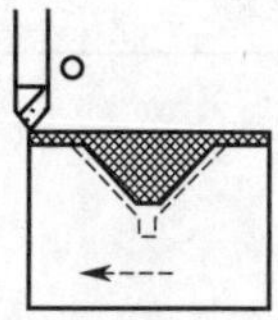			
2	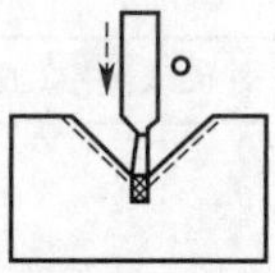			
3	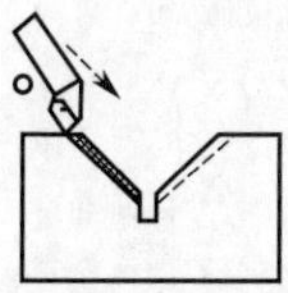			

工序	加工简图	加工内容	装 夹 方 法	刀 具 选 用
4	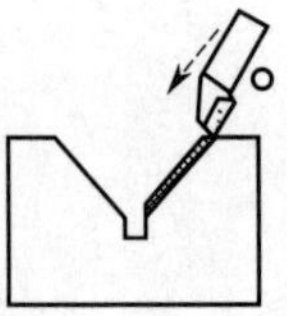			

5. 表 9-5 中图示两工件需刨削，请选择机床、刀具和装夹方法。

表 9-5　刨削工艺的设备刀具选用

题号	待刨削零件简图	机床、刀具和装夹方法的选择
1. 刨平面	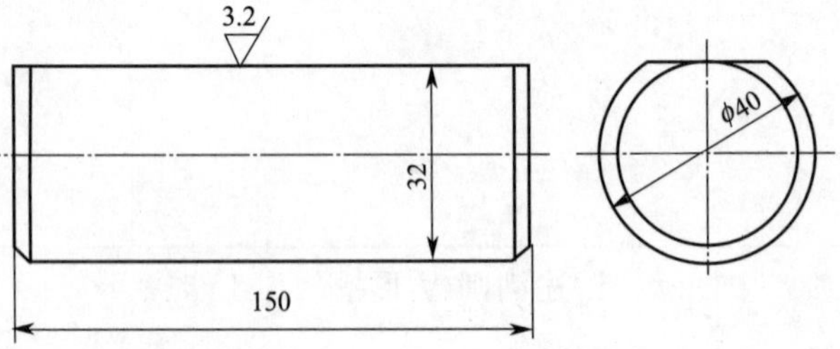	机床： 刀具： 装夹方法：
2. 刨沟槽	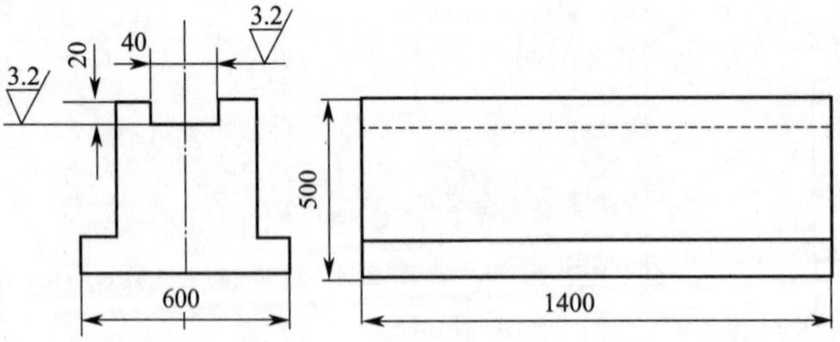	机床： 刀具： 装夹方法：

成 绩 或 评 语		评阅人签字(或章)
		年　月　日

训练 10　铣　　工

【教学基本要求】

1. 了解铣削的工艺特点和应用范围。
2. 了解常用铣床附件的构造原理，会使用分度头、刀具及工具的性能、用途和使用方法。
3. 熟悉卧式和立式铣床的操作，掌握铣削简单零件表面的方法。
4. 了解常用齿面加工方法，了解插齿机、滚齿机的工作运动特点。

【训练报告习题】

一、单项选择题（在备选答案中选出一个正确的答案，将号码填在题后括弧内）

1. X6132 铣床，其工作台面宽度为_____。　　　　　　　　　　　　（　　）

A. 600mm　　　　　B. 610mm　　　　　C. 132mm　　　　　D. 320mm

2. 在插床上，用_____刀具加工齿轮齿面。　　　　　　　　　　　（　　）

A. 滚刀　　　　　　B. 插刀　　　　　　C. 铣刀　　　　　　D. 拉刀

3. 现要求铣 24 齿齿轮，试求每铣一齿后分度的使用。　　　　　　　（　　）

A. 手柄转 1.67 圈　B. 手柄转 2/3 圈　C. 手柄转 1.06 圈　D. 1 圈配合分度盘

4. 适合加工蜗轮的是_____。　　　　　　　　　　　　　　　　　（　　）

A. 铣床　　　　　　B. 插床　　　　　　C. 滚齿机　　　　　D. 插齿机

5. 直齿圆锥齿轮齿面加工多应用_____加工。　　　　　　　　　　（　　）

A. 插床　　　　　　B. 滚齿机　　　　　C. 插齿机　　　　　D. 刨齿机

6. 有较宽水平面的台阶合适的铣削方法应为_____。　　　　　　　（　　）

A. 三面刃铣刀铣台阶　　　　　　　　B. 立铣刀铣台阶

C. 端铣刀铣台阶　　　　　　　　　　D. 成形铣刀铣台阶

7. 当工件较大或形状奇异时，铣床上的安装方法应选用_____。 （   ）

A. 平口钳装夹 　　　　　　　　　　B. 压板螺栓装夹

C. 分度头装夹 　　　　　　　　　　D. 专用夹具装夹

8. 下列不属于铣台阶常用方法是_____。 （   ）

A. 两面刃铣刀法 　　　　　　　　　B. 三面刃铣刀法

C. 立铣刀法 　　　　　　　　　　　D. 端铣刀法

9. 不属于在铣床上加工特形面的方法是_____。 （   ）

A. 用分度头法 　　　　　　　　　　B. 用回转工作台法

C. 仿形法铣曲面 　　　　　　　　　D. 成形铣刀法

10. 下列不属于成形法铣齿的特点是_____。 （   ）

A. 刀具简单 　　　　　　　　　　　B. 误差大、效率低

C. 低精度齿轮修配场合 　　　　　　D. 成本高。

二、多项选择题（在备选答案中，正确的答案不少于两个，将其号码填在题后括弧内）

1. 铣削进给量有多种度量方式，具体有_____。 （   ）

A. 每齿进给量 　　　B. 每转进给量 　　　C. 每秒进给量

D. 每分钟进给量 　　E. 每刀进给量

2. 铣削时的铣削用量由_____诸要素组成。 （   ）

A. 铣削速度 　　　　B. 进给量 　　　　　C. 铣削深度

D. 背吃刀量 　　　　E. 侧吃刀量

3. 按照铣削时铣刀齿的旋转方向与工件的进给方向关系，平面铣削分为_____。

（   ）

A. 周铣法 　　　　　B. 端铣法 　　　　　C. 逆铣法

D. 顺铣法 　　　　　E. 倾斜铣

4. 在铣床上铣斜面的方法有_____。 （   ）

A. 工件倾斜铣 　　　B. 铣刀倾斜铣 　　　C. 铣床倾斜铣

D. 工作台倾斜铣 　　E. 用角度铣刀铣

5. 下列属于可在铣床上进行的加工内容有_____。 （   ）

A. 铣削球面 　　　　B. 切断 　　　　　　C. 镗孔

D. 钻孔 　　　　　　E. 铰孔

三、判断题（正确的在题干后面的括号内写"Y"，错误的写"N"）

1. 使用回转工作台可以分度及铣削带圆弧曲线的外表面和圆弧沟槽的工件。 （   ）

2. 铣削生产中，顺铣比逆铣应用得多。 （   ）

3. 铣削过程中，工件作进给运动，铣刀作主运动。 （   ）

4. 铣刀是多齿刀具，每个刀齿都在连续切削，因此铣削效率大大高于刨削。 （   ）

5. 台阶铣削虽是两个平面使用同一铣刀，但定位基准不同。 （   ）

6. 在确定铣削用量中，粗、精铣削用量选择原则与车削用量确定原则是相似的。

（   ）

7. 铣右螺旋槽时，工作台作逆时针转动；铣左螺旋槽时，工作台顺时针转动。 （   ）

8. 垂直于铣刀轴线方向测量的切削层尺寸，称为被吃刀量。 （   ）

9. 为保证精度，在铣削一定模数和齿数的齿面时都对应有一把相应的成形铣刀。

（　　）

10. 铣削中产生"深啃"缺陷的原因多与中途随意停车相关。（　　）

四、填空题

1. 铣削时，因铣刀的多刀齿不断地"切入切出"引起＿＿＿＿＿＿＿＿＿＿＿变化。

2. 铣床附件分度头的蜗杆蜗轮传动比为＿＿＿＿＿＿＿＿＿＿＿＿＿。

3. 顺铣削时，由于＿＿＿＿＿＿＿＿＿＿＿，造成工作台"窜动"，甚至"打刀"。

4. 适合于内齿轮、双联齿轮及多联齿轮齿面的加工方法是＿＿＿＿＿＿＿＿＿＿。

5. 如铣刀的锥度与主轴锥度不同，则需利用＿＿＿＿＿＿＿将铣刀装入主轴锥孔中。

6. 特形表面可为两种类型，其中＿＿＿＿＿＿＿＿＿＿＿＿＿＿＿

称为成形面。

7. 较宽的特形表面的成形铣刀一般为＿＿＿＿＿＿＿＿＿＿。

8. 利用齿轮刀具与被切齿轮的＿＿＿＿＿＿＿＿＿＿而切出齿轮齿面的加工称展

成法。

9. 插齿刀形状类似圆柱齿轮，只是将轮齿都磨制成＿＿＿＿＿＿＿＿＿＿＿。

10. 滚、插齿面加工不但精度和效率高，而且"＿＿＿＿＿＿＿＿＿＿"。

五、问答题

☆1. 在表 10-1 中简述顺铣与逆铣及其应用特点。

表 10-1　顺铣与逆铣及其应用特点

序号	示意图	特征表述
1		① ② ③ ④
2		① ② ③ ④

2. 在表 10-2 中写出各个机床的名称、主要部件及应用场合。

表 10-2　机床的名称、主要部件及应用特点归纳

序号	机床外观图	名称	主要组成部分	应用场合
1			① ② ③ ④ ⑤	
2			① ② ③	
3			① ② ③ ④	
4			① ② ③ ④ ⑤	

序号	机床外观图	名称	主要组成部分	应用场合
5	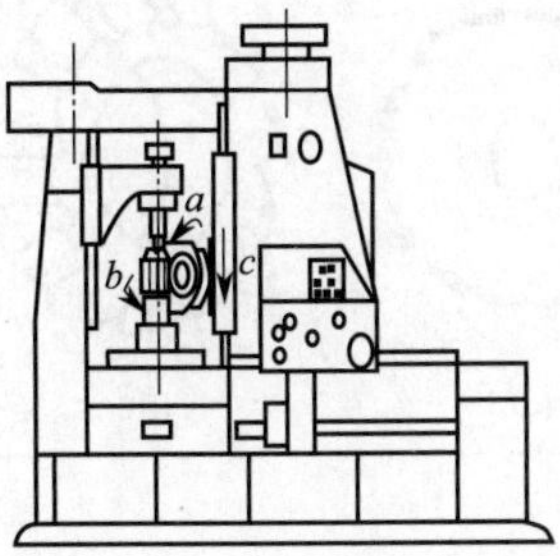		① ② ③ ④ ⑤	
6	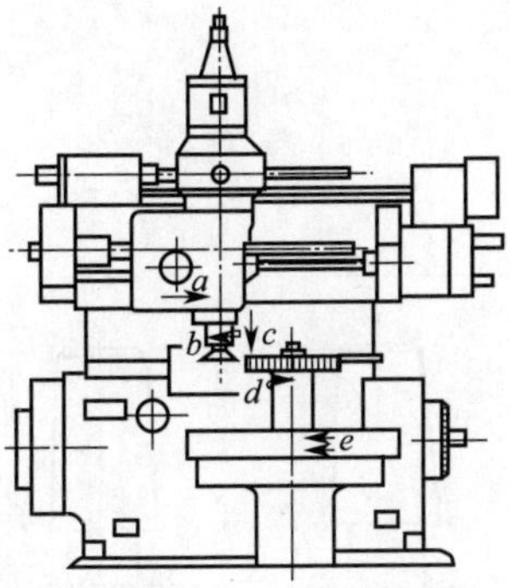		① ② ③ ④	

☆3. 填写表 10-3 中图示的铣床主要附件的名称、应用场合。

表 10-3　铣床附件的名称及应用场合

 1.	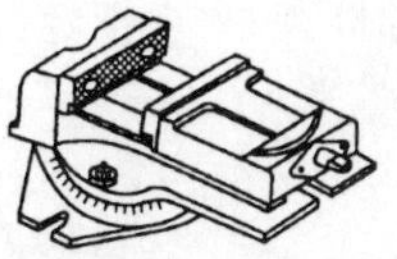 2.
名称： 应用场合：	名称： 应用场合：
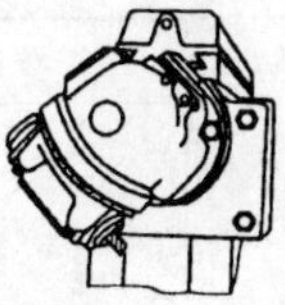 3.	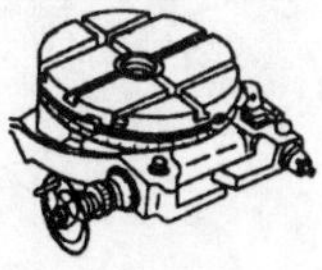 4.
名称： 应用场合：	名称： 应用场合：

☆4. 区分表 10-4 中所示各带孔铣刀、带柄铣刀及其基本的应用场合。

表 10-4　带孔、带柄铣刀及其基本应用场合

序号	带孔、带柄铣刀及其基本应用场合
1	 (a)　　　(b)　　　(c)　　　(d) (a) (b) (c) (d)
2	 (a)　　(b)　　(c)　　(d)　　(e) (a) (b) (c) (d) (e)

成　绩 　或 评　语		评阅人签字（或章） 年　月　日

训练 11　磨　　工

【教学基本要求】

1. 了解磨床加工的特点及加工范围。

2. 了解磨床的种类及用途，了解液压传动的一般知识。

3. 了解砂轮的特性、砂轮的选择和使用方法。

4. 掌握外圆磨床和平面磨床的操纵及其正确安装工件的方法，并能完成磨外圆和平面的加工。

5. 了解光整加工及磨削先进技术。

【训练报告习题】

一、单项选择题（在备选答案中选出一个正确的答案将号码填在题后括弧内）

1. 在平面磨床上装夹工件，主要使用的是_____。　　　　　　　　　　　　　（　　）

A. 三爪卡盘　　　　　B. 四爪卡盘　　　　　C. 花盘　　　　　D. 电磁吸盘

2. 对磨削生产率和表面粗糙度都有很大影响的砂轮要素是_____。　　　　（　　）

A. 粒度　　　　　　　B. 结合剂　　　　　　C. 硬度　　　　　D. 组织

3. 砂轮修整要应用大量冷却液，是为了防止_____。　　　　　　　　　　（　　）

A. 刀架温升变形　　　B. 砂轮温升破碎　　　C. 机床主轴变形　　D. 金刚石温升破碎

4. 在外圆磨床上磨削外圆，需要下列几种运动_____。　　　　　　　　　（　　）

A. 两种　　　　　　　B. 三种　　　　　　　C. 四种　　　　　D. 随机而定

5. 适于批量生产中，刚度较好，精度较低轴的外圆磨削的方法是_____。　（　　）

A. 纵磨法　　　　　　B. 横磨法　　　　　　C. 深磨法　　　　　D. 竖磨法

6. 在内圆磨床上装夹工件最常用的是_____。　　　　　　　　　　　　（　　）

A. 三爪卡盘　　　　　B. 四爪卡盘　　　　　C. 花盘　　　　　D. 弯板

7. 磨削灰铸铁、黄铜等材料时，合理的磨料应选用_____。　　　　　（　　）

A. 白刚玉（WA）　　B. 棕刚玉（A）　　C. 黑碳化硅（C）

D. 绿碳化硅（GC）

8. 某45钢锻件上有一IT7级、$Ra0.1\mu m$的淬硬了的$\phi 85mm$的孔，请选定加工方案

_____。　　　　　　　　　　　　　　　　　　　　　　　　　　　　（　　）

A. 钻-扩-铰　　　　B. 钻-扩-镗　　　　C. 粗镗-粗磨-半精磨-精磨

D. 粗镗-拉削-精拉

9. 薄壁套筒零件磨外圆时，一般采用_____。　　　　　　　　　（　　）

A. 两顶尖装夹　　　B. 卡盘装夹　　　C. 心轴装夹　　　D. A、B、C中任一种

10. 磨削锥度较小的圆锥面，应采用_____。　　　　　　　　　　（　　）

A. 转动工作台法　　B. 转动头架法　　C. 转动砂轮法　　D. A、B、C中任一种

二、多项选择题（在备选答案中，正确的答案不少于两个，将其号码填在题后括弧内）

1. 在内圆磨床上装夹工件通常可以采用_____。　　　　　　　　（　　）

A. 三爪卡盘　　　B. 四爪卡盘　　　C. 心轴　　　D. 花盘　　　E. 弯板

2. 在外圆磨床上装夹工件的方式主要有_____。　　　　　　　　（　　）

A. 顶尖　　　　　B. 卡盘　　　　　C. 托板支撑　　D. 电磁吸盘　　E. 心轴

3. 平面磨削的方式可以派生为_____。　　　　　　　　　　　　　（　　）

A. 矩台周磨　　　B. 圆台周磨　　　C. 矩台端磨　　D. 圆台端磨　　E. 前述错误

4. 光整加工包括_____。　　　　　　　　　　　　　　　　　　　（　　）

A. 研磨　　　　　B. 珩磨　　　　　C. 砂带磨　　　D. 超精加工　　E. 抛光

5. 生产率较高的高效磨削主要有_____。　　　　　　　　　　　　（　　）

A. 精密磨削　　　B. 镜面磨削　　　C. 高速磨削　　D. 强力磨削　　E. 砂带磨削

三、判断题（正确的在题干后面的括号内写"Y"，错误的写"N"）

1. 现代磨削是用磨具以较高的角速度对工件表面进行加工的方法。　　　（　　）

2. 磨削可以切断钢锭以及清理铸、锻件的硬皮和飞边，作毛坯的荒加工。（　　）

3. 液压传动系统中的转阀能控制系统的油量，而调整工作台的运动速度。（　　）

4. 相对于内孔磨削，外圆磨削相对效率低，表面粗糙度值大的不足。　　（　　）

5. 砂轮可以看作是具有无数微小刀齿的铣刀。　　　　　　　　　　　　（　　）

6. 磨削硬质合金、玻璃和玛瑙等，应选用绿碳化硅磨料砂轮。　　　　　（　　）

7. 制造高速砂轮、薄砂轮应选用树脂结合剂。　　　　　　　　　　　　（　　）

8. 在外圆磨床上使用花盘装夹必须和卡箍、拨盘等传动装置一起配合使用。（　　）

9. 对于淬硬工件，磨孔也不是孔的精加工合理方法。　　　　　　　　　（　　）

10. 无心外圆磨削主要用于批量生产中磨削细长轴和无中心孔的短轴。　　（　　）

四、填空题

1. 磨粒难脱落的砂轮称为_____。

2. 在磨床上，磨削内圆时砂轮的旋转方向与磨削外圆_____。

3. 在单件磨削易于翘曲变形且要求加工精度较高的工件时，应选用＿＿＿＿＿＿＿＿＿＿。

4. 无心外圆磨削时，工件的待加工表面就是＿＿＿＿＿＿＿＿＿＿＿＿＿＿＿＿。

5. 研磨剂是很细的磨料混合剂，主要起＿＿＿＿＿＿＿＿＿＿＿＿＿＿＿＿作用。

6. 磨削液的主要作用有＿＿＿＿＿＿＿＿＿＿＿＿＿＿＿＿＿＿＿＿。

7. 磨削实质是：＿＿＿＿＿＿＿＿＿＿＿＿＿＿＿＿＿＿三作用综合之。

8. 抛光能明显增加工件光亮度，但＿＿＿＿＿＿＿＿＿＿＿＿＿＿＿＿＿。

9. 平面磨削中的端磨的特点是＿＿＿＿＿＿＿＿＿＿＿＿＿＿＿＿＿＿

进行磨削。

10. 砂带磨削效率高，成本低，加工质量好，具有＿＿＿＿＿＿＿＿＿＿。

五、问答题

1. 在表 11-1 中写出图例所示各个机床的名称、主要部件及应用特点。

表 11-1　常见磨床的名称、主要部件及应用特点归纳

序号	机床外观图	名称	主要组成部分	应用场合
1	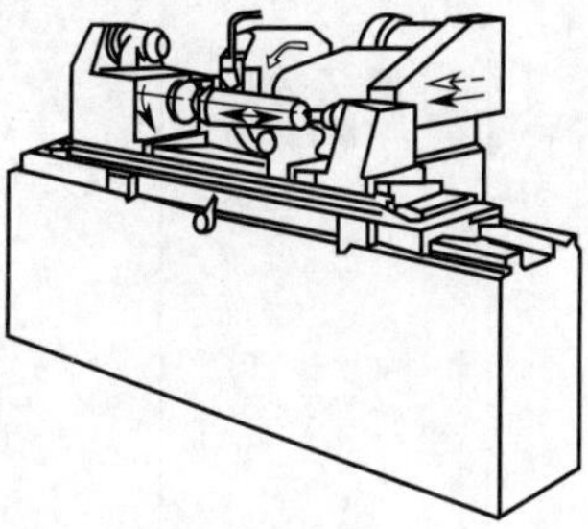		① ② ③ ④ ⑤	
2	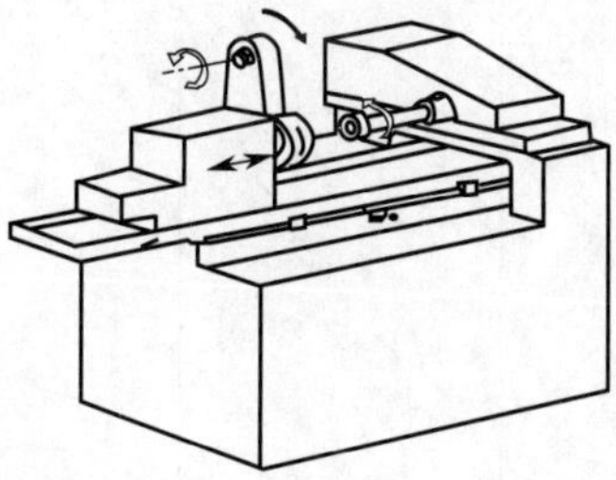		① ② ③ ④ ⑤	
3	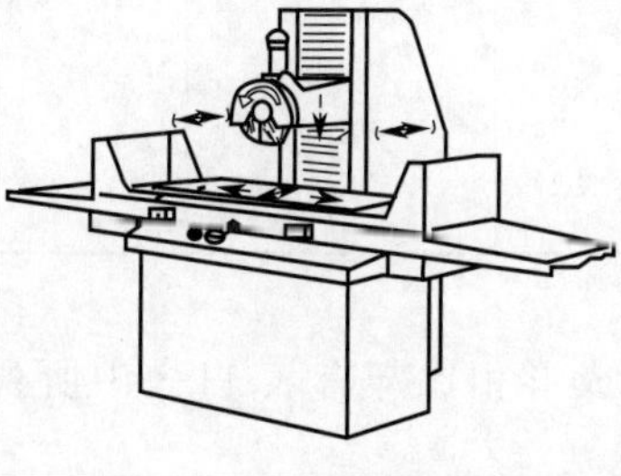		① ② ③ ④	

2. 磨削表 11-2 所示零件时，请选择机床、砂轮和装夹方法（材料均为 45 钢）。

表 11-2　磨削零件工艺选择

项目	磨削零件简图	机床选择	砂轮选择	装夹方法	面 A 能否在一次装夹中磨削
外圆磨削	*Ra*0.8　A				
磨平面	*Ra*0.8				【无此要求】
磨内孔	A　*Ra*0.8				

3. 从本质上说磨削也是切屑加工，但和通常的切削成形相比却有表 11-3 中所列的特点。请对这些特点给予解释。

表 11-3　磨削特点解释

序号	特点	特点解释
1	多刃、微刃切削	
2	加工精度高	
3	速度、温度高	
4	加工范围广	

★4. 试比较表 11-4 中平面磨削图示中两种磨削方法的优缺点。

表 11-4　磨削特点解释

简图	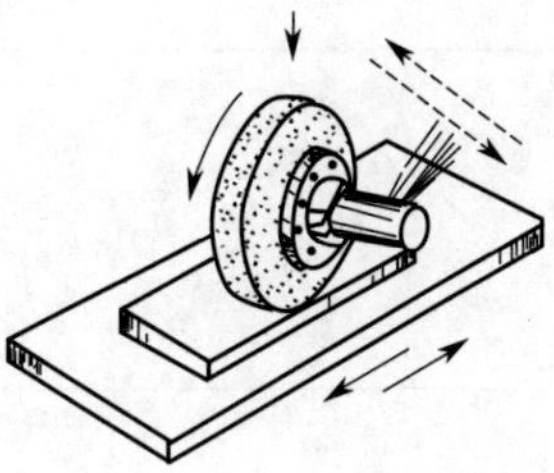	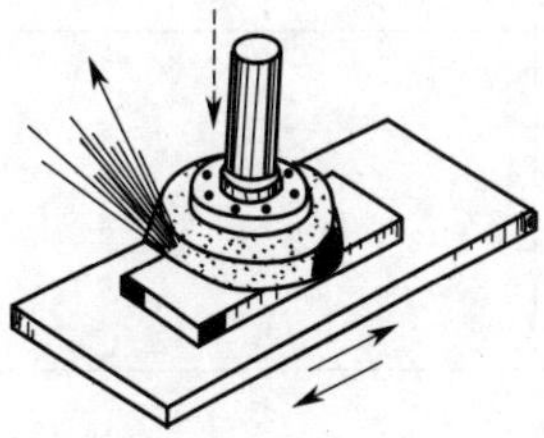
磨削形式		
特点		
应用		

★5. 为什么磨床的工作台运动要选用液压传动而不是机械传动？在表 11-5 中列出液压传动的优点。

表 11-5　磨床应用液压传动的优点

序号	应用液压传动的优点
1	
2	
3	
4	
5	

成 绩 或 评 语		评阅人签字(或章)
		年　　月　　日

训练 12　数控机床

【教学基本要求】

1. 了解数控机床的基本组成与工作原理。
2. 了解数控机床的分类及主要性能指标。
3. 熟悉数控机床加工的工艺过程、特点及应用范围。
4. 熟悉数控机床编程内容和方法。

【训练报告与习题】

一、单项选择题（在备选答案中选出一个正确的答案，将号码填在题后括弧内）

1. 作为数控机床的控制核心是_____。　　　　　　　　　　　　　　　　　　（　　）

　A. 控制介质　　　　　B. 数控装置　　　　　C. 伺服驱动系统　　　　　D. 检测、反馈系统

2. 通过传动机构驱动数控机床工作台或刀架进行纵、横向进给运动的是_____。

　　　　　　　　　　　　　　　　　　　　　　　　　　　　　　　　　　　（　　）

　A. 磁盘　　　　　　　B. 传感器　　　　　　C. 伺服电机　　　　　　　D. 存储器

3. 数控弯管机属于_____。　　　　　　　　　　　　　　　　　　　　　　（　　）

　A. 切削类　　　　　　B. 成形类　　　　　　C. 现代加工类　　　　　　D. 简易类

4. 具有现代加工技术的数控机床是_____。　　　　　　　　　　　　　　　（　　）

　A. 数控磨床　　　　　B. 数控折弯机　　　　C. 数控线切割机　　　　　D. 柔性制造单元

5. 需要对数控机床的运动按轮廓轨迹控制的是_____。　　　　　　　　　　（　　）

　A. 数控冲床　　　　　B. 数控折弯机　　　　C. 数控线切割机　　　　　D. 柔性制造单元

6. 在右手直角笛卡儿坐标系中，食指表示_____。　　　　　　　　　　　　（　　）

　A. X 轴的正方向　　B. Y 轴的正方向　　C. Z 轴的正方向　　　　D. 坐标原点

7. 各点均以坐标原点为基准来表示坐标位置是。_____。　　　　　　　　（　　）

A. 工件坐标方式　　B. 增量坐标方式　　C. 绝对坐标方式　　　　D. 混合坐标方式

8. 准备功能指令代码为_____。　　　　　　　　　　　　　　　　　　（　　）

A. G 代码　　　　　　B. M 代码　　　　　　C. S 代码　　　　　　　D. Z 代码

9. 指令使程序暂时停止运行，以执行某手动操作的指令是_____。　　　（　　）

A. M00　　　　　　　B. G00　　　　　　　C. M30　　　　　　　　D. F50

10. 数控机床进给速度指令的常用单位为_____。　　　　　　　　　　（　　）

A. m/min　　　　　　B. mm/s　　　　　　C. m/r　　　　　　　　D. mm/min 或 mm/r

二、**多项选择题**（在备选答案中，正确的答案不少于两个，将其号码填在题后括弧内）

1. 属于数控机床加工特点的有_____。　　　　　　　　　　　　　　　（　　）

A. 劳动强度低　　　　B. 适应强，柔性好　　　　C. 加工精度高，质量稳

D. 准备简单，效率高　　E. 有良好的经济效益

2. 属于数控机床控制方式的有_____。　　　　　　　　　　　　　　　（　　）

A. 开环控制　　B. 半闭环控制　　C. 半开环控制　　D. 闭环控制　　E. 浮动控制

3. 属于机床运动部件运动方向的规定内容有_____。　　　　　　　　　（　　）

A. Z、X、Y 轴坐标运动　　B. 工件坐标系　　C. 旋转运动　　D. 增量坐标　　E. 附加坐标

4. 数控程序由程序号和若干程序段组成。一个完整的程序要有_____。　（　　）

A. 程序号　　B. 程序语句　　C. 程序内容　　D. 程序段　　E. 程序结束指令

5. 属于加工时按操作机床的需要而规定的工艺性指令的有_____。　　　（　　）

A. G01　　　　　　B. M01　　　　　　C. M02　　　　　　D. F150　　　　　E. M30

三、**判断题**（正确的在题干后面的括号内写"Y"，错误的写"N"）

1. 数控机床由数控装置发出脉冲信号，通过伺服电机等驱动机床运动部件。　（　　）

2. 对于钻、镗类加工机床，钻入或镗入方向均是－Z 方向。　　　　　　　（　　）

3. 数控机床在自动输入加工程序时，必须直接用键盘输入程序。　　　　　（　　）

4. 数控机床工件加工程序通常比普通机床加工工件的过程要简单得多。　　（　　）

5. 数控机床能适用于所有的机械加工。　　　　　　　　　　　　　　　　（　　）

6. 闭环控制数控机床在现代 CNC 机床中得到广泛应用。　　　　　　　　（　　）

7. 非模态代码只在所在的程序段有效。　　　　　　　　　　　　　　　　（　　）

8. 增大工件与刀具之间距离的方向是机床运动的反方向。　　　　　　　　（　　）

9. M06 为自动换刀指令。这条指令包括刀具选择功能。　　　　　　　　　（　　）

10. 尽管数控铣床用的数控系统不同，但编程方法和步骤基本上是相同的。　（　　）

四、**填空题**

1. 整个数控加工的关键是：_____。

2 我国也准备以_____为基础上制定数控语言的国家标准（GB）。

3. 目前国内外先进的编程软件都普遍采用_____。

4. 在国际上已统一了 ISO 的标准坐标系，目的是_____。

5. 一个数控程序段由多个词及_____组成。

6. 数控车床编程时的一个共同特点是 _____。

7. 在数控机床上加工螺纹通常用 _____ 来编程。

8. 编程前先要确定工件原点。一般零件，原点应设在 _____。

9. 数控机床程序检查的方法是对工件 _____。

10. 数控机床的空运行之前，_____。

五、问答题

☆1. 试编写出数控车床加工葫芦（见表 12-1）的程序。

表 12-1　加工葫芦的程序

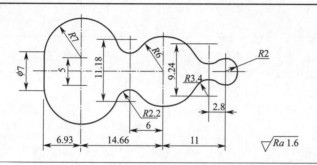

技术条件：
毛坯为 φ20mm 棒料；
材料 HPb59-1

加工程序	

☆2. 按表12-2中图示零件，编制精加工程序。

表 12-2　短轴加工的程序

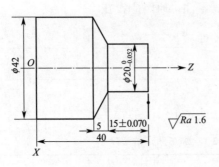

技术条件：
毛坯为 $\phi45$mm 棒料；
材料 HT150

加
工
程
序

☆3. 按表 12-3 中图示零件，编制精加工程序。

表 12-3   短轴加工的程序

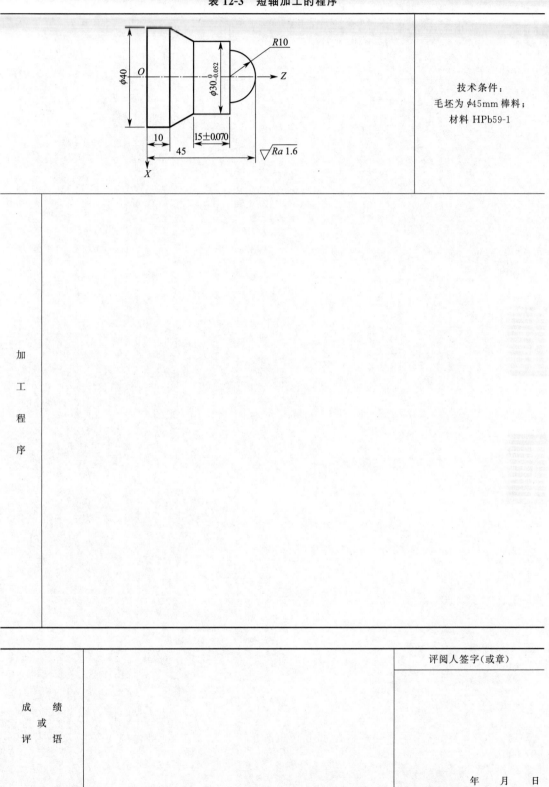

技术条件：
毛坯为 $\phi45mm$ 棒料；
材料 HPb59-1

加 工 程 序	

		评阅人签字(或章)
成　绩 　或 评　语		年　月　日

训练 13 现代加工工艺

【教学基本要求】

1. 了解现代加工的特点与分类。
2. 了解电火花、电解、超声波、激光等现代加工的基本原理和应用范围。
3. 了解先进制造技术的概念与内容。

【训练报告与习题】

一、单项选择题 (在备选答案中选出一个正确的答案，将号码填在题后括弧内)

1. 可以进行成形穿孔、磨削、线电极加工、非金属加工和表面强化的是_____。
( )

A. 电火花加工　　　　B. 超声波加工　　　　C. 电解加工　　　　D. 激光加工

2. 适宜加工枪筒、炮膛膛线、花键孔、深孔、内齿轮、链轮、叶片的是_____。
( )

A. 电火花加工　　　　B. 超声波加工　　　　C. 电解加工　　　　D. 激光加工

3. 特别适合加工非导体的硬脆材料，如石英、宝石、钨及钨合金、玛瑙等的加工方法是_____。
( )

A. 电火花加工　　　　B. 超声波加工　　　　C. 电解加工　　　　D. 激光加工

4. 孔加工，尤其在超硬材料上加工精细微孔，应用最广的是_____。 ( )

A. 电火花加工　　　　B. 超声波加工　　　　C. 电解加工　　　　D. 激光加工

5. 能切割、焊接、热处理，且节省能源，又能保持环境清洁的现代加工方法是_____。
( )

A. 电火花加工　　　　B. 超声波加工　　　　C. 离子束加工　　　　D. 激光加工

6. 一台设备，既可用于加工，又可用于蚀刻、熔化、热处理、焊接等的加工方法是
_____。　　　　　　　　　　　　　　　　　　　　　　　　　　　（　　）
　　A. 电火花加工　　　　B. 电解加工　　　　　C. 离子束加工　　　D. 超声波加工
7. 仅限于加工导电材料的现代加工方法是_____。　　　　　　　　　（　　）
　　A. 电火花加工　　　　B. 超声波加工　　　　C. 离子束加工　　　D. 激光加工
8. 现代最精密、最微细的加工方法是_____。　　　　　　　　　　　（　　）
　　A. 电火花加工　　　　B. 超声波加工　　　　C. 离子束加工　　　D. 激光加工
9. 可进行非接触加工的微细现代加工方法是_____。　　　　　　　　（　　）
　　A. 电火花加工　　　　B. 超声波加工　　　　C. 离子束加工　　　D. 激光加工
10. 常见现代加工方法中，工具损耗率较高的方法是_____。　　　　（　　）
　　A. 电火花加工　　　　B. 超声波加工　　　　C. 离子束加工　　　D. 激光加工

二、多项选择题（在备选答案中，正确的答案不少于两个，将其号码填在题后括弧内）
1. 利用高速粒子通过机械能进行的现代加工方法有_____。　　　　（　　）
　　A. 离子束加工　　　　　B. 水射流加工　　　　　C. 超声波加工
　　D. 磨料射流加工　　　　E. 等离子电弧加工
2. 属于溶化机理加工的现代加工方法有_____。　　　　　　　　　（　　）
　　A. 电火花加工　　　　　B. 离子束加工　　　　　C. 等离子电弧加工
　　D. 电化学加工　　　　　E. 激光加工
3. 下列属于电火花加工的特点有_____。　　　　　　　　　　　　（　　）
　　A. 可加工导电材料　　　B. 刀具很简，切削力小　C. 同台机床粗细通
　　D. 精密加工曲面　　　　E. 自动控制很方便
4. 下列属于离子束加工的特点是_____。　　　　　　　　　　　　（　　）
　　A. 可控精细加工　　　　B. 真空加工无污染　　　C. 应力应变小
　　D. 效率高　　　　　　　E. 设备贵
5. 下列属于制造系统新型模式的有_____。　　　　　　　　　　　（　　）
　　A. IMS　　　　B. CNC　　　　C. LP　　　　D. AM　　　　E. CIMS

三、判断题（正确的在题干后面的括号内写"Y"，错误的写"N"）
1. 现代加工不用机械能而是应用电能、化学能、声能、光能、磁能等进行加工。
　　　　　　　　　　　　　　　　　　　　　　　　　　　　　　　（　　）
2. 电火花加工可加工任何硬、脆、软、韧和高熔点的材料。　　　　（　　）
3. 电解加工是利用金属在电解液中发生火花放电的原理，加工零件的方法。（　　）
4. "以柔克刚"是现代加工的主要特点之一。　　　　　　　　　　　（　　）
5. 激光加工有加工速度快，但热影响区也大，变形也大，难控制的特点。（　　）
6. 利用超声波技术制造的洗衣机有节约或不用洗衣粉，衣服洗得又干净的效果。
　　　　　　　　　　　　　　　　　　　　　　　　　　　　　　　（　　）
7. 在现代加工中，工具与工件间不存在显著的机械切削力。切削物理现象不明显。
　　　　　　　　　　　　　　　　　　　　　　　　　　　　　　　（　　）
8. 由于超声波在加工中有很高的速度产生很大的撞击力，因此，不宜加工玻璃、陶瓷等非金属硬脆材料。　　　　　　　　　　　　　　　　　　　　　（　　）

9. 电解加工生产率较高，可达电火花加工的 5～10 倍，甚至高于机械切削的效率。 （　　）

10. 电解加工的电解液有腐蚀性，电解产物对环境有污染，应引起重视。 （　　）

四、填空题

1. 现代加工方法不同于以往的 _____。

2. 电火花线切割是利用移动的 _____，按预定的轨迹切割。

3. 由我国发明的 _____ 是展成加工中的突出例子。

4. 电解加工中工具无损耗，寿命长原因是：_____。

5. 在超声波加工中，脆性和硬度不大的塑性材，由于 _____ 而难加工。

6. 利用超声波的 _____，可以进行测距和无损检测。

7. 激光热处理形成自淬火，_____，并且工作环境也清洁。

8. 电子束是利用电子的 _____ 对材料进行加工的。

9. 离子束是靠微观的机械撞击能量而不是 _____ 来加工的。

10. 敏捷制造系统对用户需求的变更有 _____ 能力。

五、问答题

☆1. 现代加工工艺，又叫特种加工工艺，请问"现代"体现在何处？"特"体现在何处？

答：

☆2. 如有一工件既可用传统工艺加工，也可使用现代加工工艺加工，请问你如何抉择？

答：

★3. 能否将你平时关于加工方面的一些"奇异"之想和同学们交流一下？

答：

★4. 你想过没有：可否将传统加工工艺与现代加工工艺结合起来？如果有，能向你的老师、同学叙述一下吗？也许它是一项伟大发明的萌芽！【可参见"复合加工"介绍】

答：

		评阅人签字（或章）
成　绩 或 评　语		
		年　月　日

实训 14   非金属材料成形

【教学基本要求】

1. 了解高分子材料、陶瓷和复合材料的组成与分类（参见第 1 章相关内容）。
2. 了解塑料制品的成型工艺与常用方法。
3. 了解常用特种陶瓷材料的成形工艺。
4. 了解陶瓷、玻璃、水泥及耐火材料的分类。

【训练报告习题】

一、单项选择题（在备选答案中选出一个正确的答案将号码填在题后括弧内）

1. 下列不属于挤塑技术的是_____。 （   ）

A. 共挤出　　　　 B. 挤出复合　　　　 C. 注塑　　　　 D. 交联挤出

2. 为了长期保存医用标本，准备用 PMMA 包封起来。问应选用下列哪种方法？。

（   ）

A. 静态浇铸　　　 B. 离心浇铸　　　　 C. 流延浇铸　　　 D. 嵌铸

3. 制造有机玻璃成形板材应该选用下列哪种方法？ （   ）

A. 静态浇铸　　　 B. 离心浇铸　　　　 C. 流延浇铸　　　 D. 嵌铸

4. 家庭厨房用塑胶手套可采用_____。 （   ）

A. 搪铸成型　　　 B. 蘸浸成型　　　　 C. 旋转成型　　　 D. 层压成型

5. 健身器等体育器械及自行车零件表面的塑料薄层，应采用____而成。 （   ）

A. 嵌铸　　　　　 B. 搪铸　　　　　　 C. 卷材涂覆　　　 D. 金属件涂覆

6. 对于"一次性"水杯，可采用_____。 （   ）

A 吹塑成型　　　　 B. 涂覆成型　　　　 C. 泡管法成型　　 D. 热成型

7. 电视机壳体上的手动调节门页开合常采用_____。 （　　）

A. 扣锁连接　　　B. 压配连接　　　　　C. 螺纹连接　　　D. 铆钉铆接

8. 绝大多数塑料制品间及塑料制品与其他材料制品间的连接是_____。 （　　）

A. 扣锁连接　　　　B. 胶接　　　　　　　C. 螺纹连接　　　D. 铆钉铆接

9. 制造厚度小于 0.05mm 的薄膜类小体积、大容量的电子陶瓷器件，宜选用_____。

（　　）

A. 离心注浆　　　B. 真空注浆　　　　C. 流延成型　　　D. 热压铸成型

10. 对形状复杂、尺寸和质量要求高的陶瓷制品广泛应用的方法是_____。 （　　）

A. 注射成形　　　B. 挤压成形　　　　C. 轧膜成形　　　D. 滚压成形

二、**多项选择题**（在备选答案中，正确的答案不少于两个，将其号码填在题后括弧内）

1. 能将塑料原材料转变成有一定形状和尺寸制品或半制品的工艺方法有_____。

（　　）

A. 挤塑、注塑浇铸　　　B. 压延、压制　　　C. 热成型　　　D. 真空成型　　　E. 吹型和涂覆等

2. 将成型物料涂布在金属件表面所采用的方法有_____。 （　　）

A. 刷涂、揩涂　　　B. 淋涂、浸涂和喷涂　　　C. 火焰喷涂　　　D. 刮刀法　　　E. 静电喷涂

3. 粉体的制备合成方法很多，根据反应物形态可以分为_____。 （　　）

A. 机械法　　　B. 气流法　　　C. 固相法　　　D. 液相法　　　E. 气相法

4. 利用塑化剂使原来无塑性的坯料具有可塑性的塑化剂分为_____。 （　　）

A. 黏结剂　　　B. 增塑剂　　　C. 喷雾剂　　　D. 冰冻剂　　　E. 溶剂

5. 陶瓷成形根据坯料的性能和含水量的多少，可分为_____。 （　　）

A. 模压成形　　　B. 注浆成形　　　C. 真空注浆　　　D. 可塑成形　　　E. 流延成形

三、**判断题**（正确的在题干后面的括号内写"Y"，错误的写"N"）

1. 挤压模塑，是最早的塑料成形方法之一，属于塑料一次成形技术。 （　　）

2. 注射成型产品的品种多和花样繁是其他任何塑料成型技术都无法比拟的。 （　　）

3. 将塑料原材料转变成有一定形状和尺寸的制品或半制品的工艺为一次成型技术。

（　　）

4. 在塑料成型时，对齿轮、轴套等中空容器或回转体零件，可运用离心浇铸法。

（　　）

5. 感光材料的片基和硅酸盐安全玻璃的夹层等均为静态浇铸法制造。 （　　）

6. 吹塑所制得中空制件壁厚均匀，且形状与尺寸可精确控制；形坯无耗损，制件无接缝；塑料品种适应性好，技术应用毫无限制。 （　　）

7. 对塑料可以进行车、铣、刨、镗、锯、锉、抛光、冲切和螺纹加工等。 （　　）

8. 化学法能够合成超细、高纯、化学计量的多组分陶瓷化合物粉体。 （　　）

9. 陶瓷成形的静水压成形，是利用的液体介质的不可压缩性和均匀传递压力性质。

（　　）

10. 滚压成形是利用石膏模与型刀配合使坯料成形的方法。 （　　）

四、填空题

1. 压延成型与＿＿＿＿＿＿＿＿＿＿＿＿＿＿一起，合称为热塑性塑料的三大成型方式。

2. 模压主要依靠＿＿＿＿＿＿＿＿＿＿＿＿＿＿＿＿＿实现成型物料的造型。

3. 黏度高、流动性较差的聚四氟乙烯、聚酰亚胺等塑料的成型主要靠＿＿＿＿＿＿＿＿。

4. 由液相制备氧化物粉末的特性取决于＿＿＿＿＿＿＿＿＿＿＿＿＿＿＿两个过程。

5. 自行车零件、哑铃、杠铃等健身器械的表面多应用＿＿＿＿＿＿＿＿＿＿＿。

6. 考虑到经济性，塑料的二次加工环节，＿＿＿＿＿＿＿＿＿＿＿＿＿＿。

7. 为了提高生产率，对于小型薄片坯体，压制成型时＿＿＿＿＿＿＿＿＿＿＿。

8. 对于多品种、形状较复杂、产量小和较大型的制品应选择＿＿＿＿＿＿＿＿＿。

9. 制造两面形状和花纹不同的大型厚壁产品适宜应用＿＿＿＿＿＿＿＿＿＿。

10. 制品形状复杂、尺寸精确，表面光细，结构致密的陶瓷制品应＿＿＿＿＿＿＿。

五、问答题

1. 在表 14-1 中填写所列品各种产品的合理成形工艺。

表 14-1　各种产品的合理成形工艺

序号	品名	成形工艺
1	塑料薄膜	
2	人造板	
3	排水管	
4	人造革	
5	齿轮	
6	轴套	
7	电气元件	
8	生物标本	
9	商品样品	

2. 请分析讨论表 14-2 所列注塑产品的常见缺陷。

表 14-2 注塑产品的缺陷分析

序号	缺陷名称	缺陷产生的原因	改进方法
1	飞边		
2	起泡		
3	溶接痕		
4	脱模困难		

序号	缺陷名称	缺陷产生的原因	改进方法
5	变形		
6	裂纹		

3. 请将在实训中所使用的设备型号、基本参数与主要部件填写入表 14-3 中。

表 14-3　实训设备型号与参数表

设备名称	设备型号	基本参数	主要部件

4. 试在表 14-4 中归纳陶艺制作的要点。

表 14-4 陶艺制作的要点

陶艺制作基本方法	陶艺表面装饰方法	施釉方法有几种	装窑应注意什么

成 绩 或 评 语		评阅人签字(或章)
		年　　月　　日

训练 15　零件加工工艺分析

【教学基本要求】

1. 熟悉掌握常见零件毛坯的成形工艺。
2. 能熟练运用零件毛坯选用原则。
3. 熟悉"经济精度"概念，初步掌握机械零件表面加工方法的选择及其经济分析。
4. 熟悉零件结构工艺学，能初步应用与零件设计中。

【实训报告与习题】

一、单项选择题 （在备选答案中选出一个正确的答案，将号码填在题后括弧内）

1. 有一 $\phi 200$mm 需经过淬火的孔的切削成形方案应为_____。　　　　　　　（　　）

A. 钻孔　　　　　B. 钻-扩-铰　　　　　C. 钻-镗　　　　　D. 钻-粗镗-磨

2. 要制作一尊铝青铜的奖杯，能使奖杯外表光亮精美的加工方法是_____。　（　　）

A. 粗车-半精车-精车　　　　　　　　　B. 粗车-半精车-磨

C. 粗车-半精车-粗磨-精磨　　　　　　 D. 粗车-半精车-精车-精细车

3. 甲企业自制一台拉床，其机床导轨面的切削工艺方案应为_____。　　　　（　　）

A. 粗车-精细车　　　B. 粗刨-精刨　　　C. 粗铣-精铣　　　D. 拉削

4. 有一大批 HT200 制造的 3 级减速器箱体上下平面要加工，哪一方案合适？　（　　）

A. 粗车-精细车　　　B. 粗刨-精刨　　　C. 粗铣-精铣　　　D. 拉削

5. 60 件灰铸铁零件上有 $\phi 28$mm 精度要求不高的孔要加工，哪一方案最经济？（　　）

A. 钻孔　　　　　B. 镗孔　　　　　C. 磨孔　　　　　D. 拉孔

6. 机械切削用的硬质合金刀头，合适的制造工艺为_____。　　　　　　　（　　）

A. 精密铸造　　　B. 精密模锻　　　C. 粉末冶金　　　D. 离心铸造

7. 建筑塔架的桁架材料是选用___制造的。 （　　）

A. 轧制型材　　　　B. 精密模锻　　　　C. 粉末冶金　　　　D. 离心铸造

8. 甲厂自制一台专用数控机床，其精细导轨面的最后精加工，应选用___方案。（　　）

A. 刮研　　　　　　B. 精刨　　　　　　C. 精铣　　　　　　D. 拉削

9. 某自制数控机床，导轨面长5.5m，试问选用下列哪种机床加工比较经济？ （　　）

A. B6065牛头刨床　　B. 4m龙门刨床　　C. 6m龙门刨床　　D. 10m龙门刨床

10. 指出下列不便于加工、不利于切削效率提高的措施。 （　　）

A. 减少内表面　　　B. 减少加工面　　　C. 机床夹具少调整　　D. 勤换刀具

二、多项选择题（在备选答案中，正确的答案不少于两个，将其号码填在题后括弧内）

1. 机械零件选用毛坯时，应全面考虑下面哪些因素？ （　　）

A. 零件的形状　　B. 材料性质　　C. 生产类型　　D. 技术要求　　E. 现场的生产条件

2. 选择合理的表面加工方法的原则包括_____。 （　　）

A. 经济精度　　B. 材料的切削性　　C. 产量大小　　D. 合理分段加工　　E. 企业实际

3. 零件结构工艺性，是指设计出的零件在保证其使用要求的前提下，要考虑_____。

（　　）

A. 毛坯生产　　　B. 切削成形　　C. 装配　　　　D. 售后服务　　E. 热处理等

4. 焊接件结构设计要力求易焊接、效率高、成本低，焊后变形小，为此应_____。

（　　）

A. 优选易焊材　　B. 选焊接夹具　　C. 讲究接头设计　　D. 及时焊后处理　　E. 合理布置焊缝

5. 保证设计要求，又降低成本的零件切削成形的结构工艺性应注意_____。 （　　）

A. 尽量采取标准化参数　　　　B. 便于装夹和减少装夹次数　　　　C. 减少加工面积

D. 便于进刀和退刀　　　　　　E. 减少机床或刀具的种类与调整

三、判断题（正确的在题干后面的括号内写"Y"，错误的写"N"）

1. 成批和大量的毛坯不适应砂型铸造生产。 （　　）

2. 虽然模锻设备、模具费用高，但其效率高，加工余量小，因此成为锻造生产的主流、趋势，故而自由锻面临被淘汰危险！ （　　）

3. 有人认为机床床身也可应用形材焊接成形或应用塑/铁复合导轨。 （　　）

4. 选择型材作毛坯是最经济的。某些农机零件轴，可直接选用冷拔圆钢切制。 （　　）

5. 粉末冶金仅是用来制取具有特殊性能材料的机械零件的方法。 （　　）

6. 重要的钢质零件为保证较好的经济性，能用型材时，不要选用锻件。 （　　）

7. 由于数控与现代加工技术的普及，目前人们不再选用毛坯公差等级和生产率较低的自由锻造或砂型铸造进行毛坯成形生产。 （　　）

8. 对于塑性较大的有色金属零件，其精加工，常采用精细车削。 （　　）

9. 在生产条件允许的情况下，加工方法应以保证零件精度要求来选择。 （　　）

10. 产品设计中，对零件的孔径、螺距、模数等参数，不采用标准化数据。 （　　）

四、填空题

1. 为使钢中的_____，即使毛坯形状简单，也锻造而不采用型材。

2. 有些零件，如罩壳、机架和箱体等，可采用_____成为毛坯件。

3. 选择毛坯时，对于形状复杂的零件，可采用_____。

4. 当毛坯类别确定后，_____是决定毛坯制造方法的主要因素之一。

5. 外圆面应根据不同的_____，选择加工方案。

6. 确定孔的加工方法，要考虑孔的技术要求及热处理，还要考虑_____。

7. 在选择各种表面加工方法时，通常按_____来考虑。

8. 由于通用机床的生产率较低，使单件_____。

9. 为了便于起模，在_____的不加工表面应有结构斜度。

10. 设计模锻件时零件上凡与分模面垂直的表面，应设计出_____。

五、问答题

比较表 15-1 中图例结构，试分析哪一种结构工艺性好，并说明理由。

表 15-1　零件结构工艺性比较

铸件	(a)	(b)	(c)	自由锻件		
比较				比较		

焊接件		轴承盖结构	
		(a) (b) (c)	
比较		比较	
钻孔结构		轴承座	
	(a) (b) (c)		
比较		比较	

$\phi 120$

成 绩 或 评 语		评阅人签字（或章） 年　月　日

实习体会

【可以从实习的认识、体会、收获、建议及要求等方面讨论。要求 300～500 字】

附录 训练试卷

工程材料成形基础实习试卷（机类——热加工与钳工）

院系＿＿＿＿＿ 班级＿＿＿＿＿ 姓名＿＿＿＿＿ 学号＿＿＿＿＿

一、判断题（每题 1 分，共 30 分）

1. 退火主要用于降低材料的硬度，便于切削成形。 （ ）

2. 淬火冷却介质的选用，一般情况下碳钢用油，合金钢用水。 （ ）

3. 磷是钢中有害元素，含量增多时会给钢带来冷脆性。 （ ）

4. 造型时，砂型的紧实度越高，强度也越高，则铸件质量越好。 （ ）

5. 熔模铸造无分型面，故铸件的尺寸精度较高。 （ ）

6. 设计模锻件时，必须加上脱模斜度，即类似于铸造木模的起模斜度的侧壁斜度。（ ）

7. 钢的加热速度越快，表面氧化就越严重。 （ ）

8. 低碳钢和低合金结构钢是焊接结构的主要材料。 （ ）

9. 电焊条外层涂料的作用主要是防止焊芯金属生锈。 （ ）

10. 粘接一般来讲没有原子间的相互渗透或扩散。 （ ）

11. 划线时为了使划出的线条清晰，划针应在工件上反复多次划动。 （ ）

12. 钻孔时，应戴好手套清除切屑，以防止手被切屑划破。 （ ）

13. 只要零件的加工精度高，就能保证产品的装配质量。 （ ）

14. 任何钢种通过淬火处理都能达到硬而耐磨的目的。 （ ）

15. 淬火钢的回火后硬度，主要取决于回火温度和保温时间，而与回火后的冷却速度无关。 （ ）

16. QT800—2 为球墨铸铁材料。 （ ）

17. 锻造时，使坯料完成主要工序的工序有基本、辅助和精整三类。 （ ）

18. 冲压件一般不用切削就可以直接使用。 （　　）

19. 金属型铸造有"皮硬里软"特点。 （　　）

20. 锻造拔长时送进量越大，则生产效率就越高。 （　　）

21. 不考虑火耗，模锻件的坯料质量一般大于锻件质量。 （　　）

22. 被焊接件越厚，焊条直径越粗，则选择的焊接电流应越大。 （　　）

23. 焊机外壳接地的目的是为了防止漏电。 （　　）

24. 气焊火焰温度比焊条电弧焊低，加热速度缓慢，故焊件变形小。 （　　）

25. 锯切时，一般手锯往复长度不应小于锯条长度的 2/3。 （　　）

26. 钻头的旋转运动是主运动也是进给运动。 （　　）

27. 对较大且多孔的工件上的孔加工应选用立式钻床。 （　　）

28. 车刀用硬质合金刀头传统的方法是使用硬钎焊完成。 （　　）

29. 铸件砂眼的主要特征是孔内有渣。 （　　）

30. 铸件砂眼的主要特征是孔内有渣。 （　　）

二、填空题（每空一分，共 25 分）

1. 焊条电弧焊的工作线路如右图示（8分）
请按图示标号，说明下列问题

（1）_____；（2）_____；

（3）_____；（4）_____；

（5）_____；（6）_____；

（7）_____；（8）_____

2. 指出下图中各铸件合理的造型方法（6分）

(a)_____　　(b)_____　　(c)_____

(d)_____　　(e)_____　　(f)_____

3. 列举在实习中所接触机（床）器上，主要为铸造成形的零件。（8分）

（1）_____　；（2）_____　；（3）_____　；

(4) _____ ；(5) _____ ；(6) _____ ；

(7) _____ ；(8) _____ 。

4. 右图示零件用自由锻制取手坯，基本工序

有：_____ 、_____ 、_____ 等。

三、单项选择题（在备选答案中选出一个正确的答案，将号码填在题后括弧内，每题 2 分，共 30 分）

1. 在工程塑料中，适宜于制作塑料模具的是（   ）。

A. 环氧塑料（EP）　　B. 尼龙（PA）　　C. 电木（PF）　　D. ABS 塑料

2. 制造锉刀、手用锯条时，应选用的材料为（   ）。

A. T10A　　　　　　B. 65 钢　　　　　C. Q235　　　　　D. HT200

3. 45 钢经调质处理后的硬度为（   ）。

A. 45～55HRC　　　B. 35～45HRC　　　C. 23～28HRC　　　D. 55～60HRC

4. 为了提高低碳钢工件的切削加工性能，应采用（   ）。

A. 退火　　　　　　B. 正火　　　　　C. 淬火＋中温回火　D. 淬火＋高温回火

5. 通常浇注系统由四部分组成，其中与铸件直接相连的部分是（   ）。

A. 直浇道　　　　　B. 内浇道　　　　　C. 冒口　　　　　D. 横浇道

6. 不需要型芯和浇注系统即可获得空心旋转体铸件的铸造方法是（   ）。

A. 熔模铸造　　　　B. 金属型铸造　　　C. 离心铸造　　　D. 压力铸造

7. 铸件上出现冷隔缺陷，产生的主要原因是（   ）。

A. 浇注速度过快　　B. 浇注速度过慢　　C. 浇注时发生中断　D. 铸件冷却速度过快

8. 下列材料中，不能锻压成形的是（   ）。

A. HT200　　　　　B. 25 钢　　　　　C. LD5　　　　　D. Q235

9. 始锻温度的确定，主要受到金属在加热过程中不至于产生（   ）现象所限制。

A. 氧化　　　　　　B. 脱碳　　　　　C. 过热与过烧　　　D. 过软

10. 冲床在一个行程内，并在同一位置上完成两个或两个以上工序的模具称为（   ）。

A. 冲孔模　　　　　B. 复合模　　　　　C. 连续模　　　　　D. 落料模

11. 焊条电弧焊焊接薄板时，为防止烧穿，应选用（   ）。

A. 直流正接法　　　B. 直流反接法　　　C. 交流弧焊机　　　D. A、B、C 都可以

12. 沉头螺孔的加工，通常采用（   ）。

A. 钻　　　　　　　B. 扩　　　　　　　C. 铰　　　　　　　D. 锪

13. 焊接件的变形，主要原因是（   ）。

A. 焊件上温度分布不均匀而导致应力的产生　　B. 焊接速度过快

C. 焊接电流过大　　　　　　　　　　　　　D. 焊条直径太粗

14. 锯切厚件时应选用（   ）。

A. 粗齿锯条　　　　B. 中齿锯条　　　　C. 细齿锯条　　　D. 任何锯条

15. 攻丝时，每正转一圈要倒退 1/4 圈目的是（   ）。

A. 减少摩擦　　　　B. 提高螺纹精度　　　C. 便于断屑　　　D. 减少切削力

16. 下列工件中适宜用铸造方法生产的是（   ）。

A. 螺栓   B. 机床丝杠   C. 车床上进刀手轮   D. 自行车中轴

17. 考虑到合金的流动性，设计铸件时应（　　）。

A. 加大铸造圆角   B. 减小铸造圆角   C. 限制最大壁厚   D. 限制最小壁厚

18. 铸件上出现严重的粘砂现象，产生的主要原因是（　　）。

A. 型砂的退让性差   B. 型砂的耐火性差   C. 型砂的透气性差   D. 型砂的强度不够

19. 当大批量生产 20CrMnTi 齿轮轴时，其合适的毛坯制造方法是（　　）。

A. 铸造   B. 模锻   C. 冲压   D. 自由锻

20. 用冲模沿封闭轮廓线冲切板料，冲下部分为产品，该种冲模为（　　）。

A. 切断模   B. 冲孔模   C. 落料模   D. 连续模

四、简答、工艺分析题（每题 5 分，共 15 分）

1. 试述砂型铸造带芯的分模造型工艺全过程。

2. 右图示为一铸铝小连杆，请问：

（1）试制样机时宜采用什么铸造方法？

（2）年产量为 1 万件时，应选用什么铸造方法？

（3）当年产量超过 10 万件时，应选用什么铸造方法？

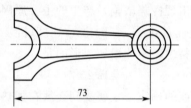
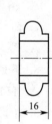

3. 右图示为铸造支架。原设计材料为 HT150，单件生产。现拟改为焊接结构，请设计结构图，选择原材料和焊接方法。

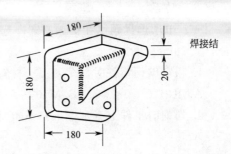

焊接结

工程材料成形基础实习试卷（机类——机加工）

院系_____ 班级_____ 姓名_____ 学号_____

一、单项选择题（在备选答案中选出一个正确的答案，将号码填在题后括弧内，每题 3 分，共 30 分）

1. 粗车碳钢零件时，车刀刀头材料应选用（　　）。

A. K01　　　　　　B. M10　　　　　　C. K20　　　　　　D. P30

2. 切削时工件上有（　　）不断变化的表面。

A. 1　　　　　　B. 2　　　　　　C. 3　　　　　　D. 4

3. 在普通车床上加工零件能达到的精度等级为（　　）。

A. IT8～IT6　　　B. IT9～IT7　　　C. IT10～IT9　　　D. IT11～IT10

4. 在普通车床上加工零件能达到的表面粗糙度 Ra 值为（　　）μm。

A. 0.4～0.2　　　B. 0.8～0.4　　　C. 1.6～0.4　　　D. 3.2～1.6

5. 加工面不宽且刚性较好的工件外圆磨削应选用（　　）。

A. 纵磨法　　　　B. 横磨法　　　　C. 深磨法　　　　D. 综合磨法

6. 大批大量生产的刚性大，且工件表面宽大的外圆磨削应选用（　　）。

A. 纵磨法　　　　B. 横磨法　　　　C. 深磨法　　　　D. 综合磨法

7. 某 45 号钢锻件上有一 IT7 级、Ra 值 0.1μm 的已淬硬的孔，请选定加工方案（　　）。

A. 钻-扩-铰　　　　　　　　　　　B. 钻-扩-镗

C. 粗镗-粗磨-半精磨-精磨　　　　　D. 粗镗-拉削-精拉

8. 车细长轴时最有利的主偏角为（　　）。

A. 45°　　　　　　B. 60°　　　　　　C. 75°　　　　　　D. 90°

9. 下列铣刀不属于带孔铣刀的是（　　）。

A. 锯片铣刀　　　B. 立式铣刀　　　C. 成形铣刀　　　D. 圆柱铣刀

10. 应用铣床加工直齿轮齿面时，齿坯装夹应选用（　　）。

A. 平口钳　　　　B. 压板螺栓　　　C. 分度头　　　　D. 专用夹具

二、多项选择题（在备选答案中，正确的答案不少于两个，将其号码填在题后括弧内。正确答案未选全或有选错的，该小题不得分。每小题 4 分，共 40 分。）

1. 刀具切削部分的材料应具备的性能有（　　）。

A. 高的硬度　　B. 强而韧　　C. 能耐磨　　D. 耐高热　　E. 工艺性好

2. 依据 GB/T 2075 规定，按加工材料硬质合金常用的有（　　）。

A. G 类　　　　B. K 类　　　C. P 类　　　D. M 类　　　E. E 类

3. 在车床上可以车削多种零件表面，如（　　）。

A. 成形面　　　B. 偏心件　　　C. T 形沟槽　　D. 绕弹簧　　E. 滚花

4. "一个模数一把刀"是（　　）加工齿轮齿面的基本特点。

A. 铣齿　　　　B. 滚齿　　　C. 插齿　　　D. 研齿　　　E. 拉齿

5. 常用数控车床类型有（　　）机床。

A. 经济型数控车　　B. 数控多功能　　C. 数控卧式多轴　　D. CNC 铣床　　E. DK7732 机床

6. 可以用于拉削的零件表面有（　　）。

A. 发动机两端面　　B. 轴上键槽　　C. 齿条齿面　　D. 齿轮内花键　　E. 球形内表面

7. 铣床常用附件有（　　　）。

A. 分度头　　　　　B. 万能铣头　　　C. 回转工作台　　D. 平口钳　　　E. 花盘

8. 在外圆磨床上装夹工件的方式主要有（　　　）。

A. 顶尖　　　　　　B. 卡盘　　　　　C. 托板支撑　　　D. 电磁吸盘　　E. 心轴

9. 平面磨削的方式可以派生为（　　　）。

A. 矩台周磨　　　　B. 圆台周磨　　　C. 矩台端磨　　　D. 圆台端磨　　E. 前述错误

10. 光整加工包括（　　　）。

A. 研磨　　　　　　B. 珩磨　　　　　C. 砂带磨　　　　D. 超精加工　　E. 抛光

三、填空题（每空 3 分，共 30 分）

1. P 类硬质合金相当于旧牌号＿＿＿＿＿＿＿＿＿＿类硬质合金。

2. 数控机床的简称是＿＿＿＿＿＿＿＿＿＿＿＿。

3. 用来支持和安装车床的各个部件的车床基础零件是＿＿＿＿＿＿＿＿＿＿＿＿＿。

4. 刀具前刀面与主后刀面的交线称为＿＿＿＿＿＿＿＿＿＿＿。

5. ＿＿＿＿＿＿＿＿＿＿＿＿＿，指刀具上切屑流经的表面。

6. 铣削时因铣刀的多刀齿不断地"切入切出"引起＿＿＿＿＿＿＿＿＿＿变化。

7. 铣床附件分度头的蜗杆蜗轮传动比为＿＿＿＿＿＿＿＿＿＿＿＿。

8. 适合于内齿轮、双联齿轮及多联齿轮齿面的加工方法是＿＿＿＿＿＿＿＿＿＿＿＿＿。

9. 现代磨削的涵义是用磨具以较高的＿＿＿＿＿＿＿＿＿＿＿工件表面进行加工的方法。

10. 前刀面与基面之间的夹角，称为＿＿＿＿＿＿＿＿＿＿＿＿。

工程材料成形基础实习试卷（市政与热能工程类）

院系＿＿＿＿＿ **班级**＿＿＿＿＿ **姓名**＿＿＿＿＿ **学号**＿＿＿＿＿

一、判断题（每题1分，共20分）

1. 划线是机械加工的重要工序，广泛用于成批和大量生产。　　　　（　　）
2. 划线后为了保留线条，样冲眼应冲得多一些。　　　　（　　）
3. 因为气焊的火焰温度比电弧焊低，故焊接变形小。　　　　（　　）
4. 选择划线基准时，应尽量使划线基准与图纸上的设计基准一致。　　　　（　　）
5. 正常锯切时，锯条返回仍需加压，但要轻轻拉回，速度要慢。　　　　（　　）
6. 锉削时，发现锉刀表面被锉屑堵塞应及时用手除去，以防止锉刀打滑。　　　　（　　）
7. 锉削外圆弧面时，锉刀在向前推进的同时，还应绕工件圆弧中心摆动。　　　　（　　）
8. 圆形件和较长轴类零件都可放在同一只V形铁上划出中心线。　　　　（　　）
9. 锯切操作分起锯，锯切和结束三个阶段，而起锯时，压力要小，往复行程要短，速度要快。　　　　（　　）
10. 正常锯切时，锯条应以全长进行工作，提高锯条的使用寿命。　　　　（　　）
11. 圆管在管壁将被锯穿时，圆管应转一个角度，继续锯切，直至锯断。　　　　（　　）
12. 塑复管常用于供热水和食用水场合，缺点是弯曲时易反弹，且价格高。　　　　（　　）
13. 聚氯乙烯管与同类管连接时，应用黏合剂胶合，不能采用承插连接。　　　　（　　）
14. 旋塞阀的主要作用是启闭，不宜作流量调节；节流阀的主要作用是调节流量，不宜当作启闭阀。　　　　（　　）
15. 套丝板调换套丝规格时，只要使活动标盘上的零线对准加工所需的管径并加以固定即可。　　　　（　　）
16. 手工冷弯器中的一副胎模只能弯曲一种管径和弯曲半径的弯管。　　　　（　　）
17. 管道系统中，工作压力就是阀门、容器等设备铭牌上标注的公称压力。　　　　（　　）
18. 焊接时，焊接电流越大越好。　　　　（　　）
19. 气焊时如发生回火，应立即关掉乙炔阀门，然后再关闭氧气阀门。　　　　（　　）
20. 因为气焊的火焰温度比电弧焊低，故焊接变形小。　　　　（　　）

二、填空题（每空一分，共35分）

1. 常用的焊接钢管，其表面镀锌者俗称＿＿＿＿＿管，可用于＿＿＿＿＿＿＿、＿＿＿＿、＿＿＿＿、等低压流体输送；其表面不镀锌者俗称＿＿＿＿＿管，可用于敷设的管道。

2. 管件在系统管道中能起到＿＿＿＿、＿＿＿＿、＿＿＿＿和＿＿＿＿等作用。

3. 闸阀和截止阀都具有＿＿＿＿＿＿和＿＿＿＿＿＿两个主要作用。两者相比＿＿＿＿价格较贵，一般用于＿＿＿＿道；＿＿＿＿＿＿＿广泛用于高中低压管道，价格低廉，但安装时必须注意＿＿＿＿＿性。

4. 热弯管前，在管内充砂的目的是＿＿＿＿＿＿和＿＿＿＿＿，但砂子必须_____，以免加热时产生_____而发生_____。

5. 目前管螺纹连接的填料常采用_____代替麻丝，既方便又美观，但旋紧后决不允许因调整位置而_____，以防_____。填料丝带的缠绕方向应与_____同向才对。

6. 使用直流电源实施焊条电弧焊时有_____接线方法。

7. 焊接方法是一个_____的过程。

8. 电焊条 = _____。

9. 焊接性包括两方面：_____。

10. 焊条电弧焊的焊接规范是指_____、_____、_____和_____等。

11. 根据钎料熔点不同，钎焊可分为：_____与_____。

三、选择题（每题 2 分，共 30 分）

1. 管材的公称直径是指（　　）。

A. 管材的内径　　　B. 管材的外径　　　C. 通用口径　　　D. 管材的中径

2. 用切管器切断管子后，其管端的内外径变化为（　　）。

A. 外径缩小而内径不变　　　　　　　B. 内径和外径都缩小

C. 外径增大而内径缩小　　　　　　　D. 外径和内径都增大

3. 套丝板的后卡装置对被加工的管子的夹紧程度应当是（　　）。

A. 轻轻接触　　　B. 松紧适中　　　C. 用力夹紧　　　D. 没有要求

4. 有缝钢管冷弯时，其焊缝应处于（　　）。

A. 偏离中心线 45°　B. 弯曲方向内侧　C. 弯曲方向外侧　D. 任意位置均可

5. 在系统管道的连接中，要使密封性好，装拆方便，采用的方法是（　　）。

A. 短丝连接　　　B. 活管接连接　　　C. 长丝连接　　　D. 任意连接

6. 管道试压中，强度试验采用（　　）做试验介质。

A. 煤油　　　B. 水　　　C. 气体　　　D. A、B、C 均可

7. 在钢和铸铁件上攻相同直径内螺纹，钢件的底孔径应比铸铁的底孔径（　　）。

A. 大　　　B. 稍小　　　C. 一样　　　D. 稍大

8. 手用丝锥中，头锥和二锥的主要区别是（　　）。

A. 头锥的锥角较小　　　　　　　B. 二锥的切削部分较长

C. 头锥的不完整齿数较多　　　　D. 头锥比二锥容易折断

9. 沉头螺孔的加工，通常采用（　　）。

A. 钻　　　B. 扩　　　C. 铰　　　D. 锪

10. 在没有孔的工件上进行孔加工应选用（　　）。

A. 铰刀　　　B. 扩孔钻　　　C. 麻花钻　　　D. 锪钻

11. 攻丝是用（　　）加工内螺纹的操作。

A. 板牙　　　B. 锪钻　　　C. 丝锥　　　D. 铰刀

12. 锯削厚件时应选用（　　）。

A. 粗齿锯条　　　　B. 中齿锯条　　　　C. 细齿锯条　　　　D. 任何锯条

13. 锉削余量较大平面时，应采用（　　　）。

A. 顺向锉　　　　　B. 交叉锉　　　　　C. 推锉　　　　　D. 任意锉

14. 锉削时，锉刀的用力应是在（　　　）。

A. 推锉时　　　　　B. 拉回锉刀时　　　　C. 推锉和拉回锉刀时

D. 推锉时两手用力应变化

15. 锯条安装过紧或过松，用力过大，锯条易发生（　　　）。

A. 崩齿　　　　　　B. 折断　　　　　　C. 磨损过快　　　　D. 卡住

四、简答、工艺分析题（每题 5 分，共 15 分）

1. 安装和使用虎钳时应注意哪些事项？

2. 简述法兰连接应用场合及其连接注意事项。

3. 为什么在钻孔开始和孔快钻通时要减慢进给速度？

参 考 文 献

[1] 崔明铎主编 . 制造工艺基础 . 哈尔滨：哈尔滨工业大学出版社，2004.

[2] 崔明铎主编 . 工程实训 . 北京 . 高等教育出版社 . 2007.

[3] 崔明铎主编 . 工程实训报告与习题集 . 北京 . 高等教育出版社 . 2007.

[4] 崔明铎主编 . 机械制造基础 . 北京 . 清华大学出版社 . 2008.

[5] 清华大学金属工艺学教研室编 . 张学政 李家枢主编 金属工艺学实习教材 . 第三版 . 北京：高等教育出版社，2003.

[6] 清华大学金属工艺学教研室编 . 严绍华主编 . 热加工工艺基础 . 第二版 . 北京：高等教育出版社，2004.

[7] 金禧德主编 . 金工实习 . 北京：高等教育出版社，1992.

[8] 邓文英主编 . 金属工艺学（上、下册）. 北京：高等教育出版社，2008.

[9] 腾向阳主编 . 金属工艺学实习教材 . 北京：机械工业出版社，2002.

[10] 胡大超等 . 机械制造工程实训 . 上海：上海科学技术出版社，2004.

[11] 孙康宁等 . 现代工程材料成形与制造工艺基础 . 北京：高等教育出版社，2005.

[12] 鞠鲁粤 . 工程材料与成形技术基础 . 北京：高等教育出版社，2004.

[13] 同济大学金属工艺学教研室编 . 金属工艺学 . 北京：高等教育出版社，1992.

[14] 邱明恒 . 塑料成形工艺 . 西安：西北工业大学出版社 . 1998.

[15] 韩克筠，王辰宝 . 钳工实用技术手册 . 南京：江苏科学技术出版社，2000.

[16] 东南大学 张远明主编 . 金属工艺学实习教材 . 北京：高等教育出版社，2003.

[17] 崔令江主编 . 材料成形技术基础 . 北京：机械工业出版社，2003.

[18] 李世普主编 . 特种陶瓷工艺性，武汉：武汉工业大学出版社，1990.